COURS

DE

THERMODYNAMIQUE

COURS DE LA FACULTÉ DES SCIENCES DE PARIS

PUBLIÉS PAR L'ASSOCIATION AMICALE DES ÉLÈVES ET ANCIENS ÉLÈVES
DE LA FACULTÉ DES SCIENCES

COURS

DE

THERMODYNAMIQUE

Professé à la Sorbonne

PAR **M. LIPPMANN**, MEMBRE DE L'INSTITUT

Rédigé par MM. E. MATHIAS et A. RENAULT

Et précédé d'une Préface de l'Auteur

PARIS

GEORGES CARRÉ, ÉDITEUR

58, RUE SAINT-ANDRÉ-DES-ARTS

1889

PRÉFACE

Dans ces Leçons de Thermodynamique, professées à la Faculté des Sciences, il y a quelques années, je me suis proposé deux buts principaux.

D'abord, de dégager les principes de cette science, de telle manière qu'en les appliquant on voie clairement ce sur quoi l'on s'appuie. J'ai donc cherché à mettre en évidence les faits et les inductions qui servent de fondement. Par contre, les hypothèses et les théories supplémentaires qui sont venues plus tard se greffér sur la Thermodynamique à titre d'explications : hypothèses moléculaires, théorie mécanique des gaz ont été à dessein passées sous silence. N'était-ce pas la manière la plus nette de montrer que la Thermodynamique n'est pas fondée sur lesdites hypothèses ? qu'on peut l'établir, qu'on peut l'appliquer sans s'inquiéter de la nature de la chaleur, ni de l'existence même des vibrations moléculaires?

Pour la même raison, j'ai évité de paraître m'appuyer sur les propriétés des gaz parfaits. Si ces corps existaient réellement, leurs propriétés ne seraient encore que celles d'une classe particulière de substances, et ne constitueraient pas des lois; mais en outre, les gaz parfaits ont le défaut grave de ne pas exister. On a donc développé le principe de Carnot, on a défini l'échelle des températures absolues sans même parler des gaz parfaits. Puis, pour mieux éviter toute équivoque, on a eu la précaution de n'appliquer les principes de la Thermodynamique aux gaz qu'en dernier lieu, après les avoir déjà appliqués aux solides et aux liquides.

Mon second but, dans ces Leçons, a été d'indiquer une méthode générale qui permet d'appliquer directement les principes de la Thermodynamique à chaque cas particulier: c'est-à-dire que cette méthode, une fois adoptée, permet d'aborder chaque problème sans que l'on ait à chercher dans un livre les équations à appliquer.

Ainsi, ces Leçons, avec leurs lacunes en partie volontaires, avec leur allure qui n'est pas celle d'un livre, avec leurs explications et leurs critiques de longueurs très inégales, ne peuvent pas constituer un Traité de

Thermodynamique, ni dispenser de recourir aux multiples ouvrages qui existent sur la matière. Elles ne sont qu'une introduction qui pourra, je l'espère, être utile aux jeunes physiciens.

La première édition *autographiée* de ces Leçons a été rédigée par MM. A. Cadot, A. Renault et E. Mathias ; la rédaction actuelle, qui diffère en beaucoup de points de la précédente, est due à MM. E. Mathias et A. Renault.

G. LIPPMANN.

Paris, 10 août 1888

THERMODYNAMIQUE

INTRODUCTION

Objet de la Thermodynamique. — La Thermodynamique est la partie de la physique qui traite des relations entre le travail mécanique, d'une part, et les quantités de chaleur ou les températures, d'autre part, indépendamment de toute hypothèse sur la nature de la chaleur.

Elle repose sur deux lois générales fondées sur l'expérience, et que l'on appelle le *Principe de l'Équivalence* et le *Principe de Carnot;* elle a pour objet d'établir ces deux principes et d'en faire l'application.

La Thermodynamique est donc une science fondée sur l'expérience. Il convient, à ce point de vue, de la distinguer de la *Théorie mécanique de la chaleur*. Cette dernière théorie part de l'hypothèse que la chaleur résulte d'un mouvement moléculaire des particules des corps, et en tire comme conséquences les lois mêmes qu'étudie la Thermodynamique.

Son importance. — Bien qu'elle soit de création récente, la Thermodynamique a pris une place considérable dans l'étude des sciences. En physique, elle a permis de prévoir ou d'expliquer un grand nombre de phénomènes; en chimie, en astronomie, en physiologie..., elle a donné lieu aux applications les plus variées. Actuellement, elle constitue le lien le plus général entre les diverses sciences expérimentales.

Idées des anciens sur la nature de la chaleur. — La Thermodynamique n'était pas connue des anciens ; ils n'étudiaient la chaleur qu'en elle-même, sans s'occuper du travail mécanique qu'elle pouvait fournir.

Voyant le feu détruire les corps avec production de flamme, ils considéraient la chaleur comme un mouvement. A l'époque de la Renaissance, Bacon appliquait à la chaleur les règles qu'il donnait pour l'étude expérimentale des phénomènes ; il en concluait que la chaleur est un mouvement (Novum organum). Les physiciens de la fin du xviiie siècle se préoccupaient aussi de la nature de la chaleur, ils la considéraient comme un mouvement. Mais à cette époque survint la découverte des principaux gaz et des propriétés générales des fluides. Les fluides hypothétiques devinrent à la mode et furent hardiment inscrits dans certains traités de chimie sur la même liste que les gaz nouvellement découverts ; Stahl imagina la théorie du phlogistique : la chaleur qui accompagne les réactions chimiques fut assimilée à un fluide mis en liberté. — La conception du fluide calorifique s'accordait bien d'ailleurs avec les résultats des expériences calorimétriques du physicien anglais Black. Dans les expériences de mélanges, le fluide calorifique s'écoulait d'un corps sur l'autre de façon que la quantité totale de calorique des divers corps mis en présence était constante.

D'autre part, on remarqua que le frottement dégage de la chaleur. Rumford, à la fonderie de canons de Munich, parvint à produire et à entretenir l'ébullition de l'eau en utilisant le dégagement de chaleur qui accompagne le forage des canons. Les partisans de l'hypothèse des fluides pensèrent que le fluide calorifique était fourni par la limaille dont la capacité calorifique était moindre que celle du bronze du canon ; mais on trouva que la capacité de la limaille pour la chaleur était presque égale à celle du bronze ; de plus, en frottant indéfiniment on pouvait recueillir indéfiniment de la chaleur, et la quantité de limaille produite n'était pas proportionnelle à la chaleur recueillie.

D'ailleurs, Davy transforma bientôt l'expérience de Rumford en une autre analogue, mais impossible à expliquer par une diminution des capacités calorifiques. Il frotta l'un contre l'autre deux morceaux de glace : la chaleur dégagée par le frottement déterminait la fusion de la glace. Le corps produit, l'eau, a une capacité calorifique deux fois plus grande que celle de la glace ; l'explication donnée pour l'expérience de Rumford était donc inacceptable. C'est à la suite de cette expérience que Davy revint à l'opinion que la chaleur est un mouvement.

Introduction de la notion du travail mécanique dans les sciences physiques. — On retombait toujours sur la même conception, mais sans aller plus loin, c'est-à-dire sans en tirer des lois nouvelles. Il semble, lorsque nous lisons les travaux de Davy et de ses contemporains avec nos connaissances actuelles, que ces physiciens n'avaient qu'un pas de plus à faire pour créer la Thermodynamique. En réalité, ils en étaient bien éloignés ; il leur manquait une idée. Il leur eut fallu introduire dans la physique, à la place de la conception du mouvement moléculaire, le *travail mécanique* qui est une grandeur mesurable expérimentalement. Les géomètres seuls faisaient usages de la notion du travail : Sadi Carnot imagina de l'introduire dans la physique ; ce fut là le point de départ de la physique moderne.

Sadi Carnot, frappé de l'importance des machines à vapeur, pose d'une manière méthodique et générale le problème des relations de la chaleur et du travail (1824). Il ne cherche plus, comme ses devanciers, ce qu'est la chaleur, mais il se demande quelles sont les conditions pour qu'on puisse obtenir un maximum de travail en dépensant une quantitée donnée de chaleur. Dans son mémoire : *Réflexions sur la puissance motrice du feu et sur les machines propres à la développer* Sadi Carnot résout par des méthodes originales le problème qu'il s'était posé. On cherchait alors à savoir si la puissance motrice du feu était limitée ; on poursuivait ce but, de produire une quantité peut-être indéfinie de travail avec une quantité finie de combustible. au moyen de machines convenablement disposées; Sadi Carnot montra l'impossibilité du problème ainsi conçu, et énonça la loi qui porte son nom, loi dont on a fait le second principe de la Thermodynamique. Des notes posthumes publiées à la fin de l'ouvrage de Sadi Carnot, réédité en 1878 (1), montrent de la façon la plus nette qu'il

---

(1) Dans les notes inédites publiées à la fin de l'ouvrage de Sadi Carnot : *Réflexions sur la puissance motrice du feu*, réédité en 1878, chez Gauthier-Villars, Paris, on trouve cette phrase, page 95 : *D'après quelques idées que je me suis formées sur la théorie de la chaleur, la production d'une unité de force motrice nécessite la destruction de 2.70 unités de chaleur.* La notion d'équivalence est là tout entière. L'unité de puissance motrice ou *dynamie* représentait pour Carnot le poids d'un mètre cube d'eau élevé a un mètre de hauteur ; si l'on calcule l'équivalent mécanique de la chaleur, d'après ces nombres, on trouve

$$E = \frac{1000}{2,7} = 370,37$$

nombre évidemment trop faible. Carnot s'était proposé de vérifier par

était arrivé aussi à la notion de l'équivalence entre la chaleur et le travail mécanique. Ainsi le simple fait d'introduire dans la science la considération du travail mécanique avait amené Carnot à la découverte de la Thermodynamique tout entière. Aussi, est-ce avec justice que Sir W. Thomson a pu écrire que, dans toute l'étendue du domaine des sciences, il n'y a rien de plus grand, à son avis, que l'œuvre de Sadi Carnot. En réalité, Carnot, arrêté par la mort, ne fit point connaître la notion de l'équivalence entre la chaleur et le travail mécanique. L'honneur de cette découverte était réservé à un médecin allemand, Mayer, qui était arrivé de son côté à la même conception que Carnot, en recherchant ce que devenait le travail absorbé dans l'acte du frottement (1842). Plus tard, en 1847, Helmholtz généralisa cette notion de l'équivalence entre la chaleur et le travail mécanique, et en fit le principe de la *conservation de l'énergie*.

Dans l'exposition des principes de la Thermodynamique, nous commencerons par le principe de l'Équivalence.

l'expérience ses idées théoriques; il avait projeté toute une série d'expériences qui sont précisément celles que divers expérimentateurs ont faites depuis, comme on peut s'en rendre compte en se reportant à l'ouvrage déjà indiqué.

PRINCIPE DE L'ÉQUIVALENCE

.Les expériences de Rumford et de Davy, citées plus haut, montrent que le travail mécanique peut se transformer en chaleur. Mais elles n'indiquent pas suivant quelle loi cette transformation s'effectue. Dans le but de combler cette lacune, une foule d'expériences ont été tentées, qui ont conduit à formuler la loi suivante.

Principe de l'équivalence. — *Quel que soit le système employé pour transformer le travail en chaleur, ou la chaleur en travail, il y a un rapport constant entre la quantité de travail et la quantité de chaleur qui interviennent dans une série quelconque de transformations, pourvu que l'état final du système soit identique à l'état initial.*

La constante de proportionnalité s'appelle l'*équivalent mécanique de la calorie*, ou, plus improprement, *de la chaleur*. Nous la désignerons par E. Si τ est le travail dépensé, et Q la quantité de chaleur produite, on a

$$\frac{\tau}{Q} = E.$$

Détermination de E. — Les expériences qui servent à déterminer E sont de nature différente suivant :

1° Que du travail est détruit et transformé en chaleur ;

2° Ou bien que de la chaleur est absorbée et qu'un travail correspondant en résulte.

TRANSFORMATION DU TRAVAIL EN CHALEUR

Nous ne décrirons pas toutes les expériences qu'on a faites ;
nous nous bornerons à détailler celles qui paraissent les plus
précises.

Expériences de M. Joule.—Au premier rang, il convient
de placer les expériences effectuées en 1847 par M. Joule, de
Manchester. Ce savant fait frotter des palettes en laiton sur de
l'eau, et mesure, d'une part, la chaleur créée, et, de l'autre, le
travail nécessaire à la mise en mouvement des palettes. L'eau
est renfermée dans un calorimètre C en cuivre, placé dans les
conditions qu'exigent de bonnes déterminations calorimétriques. Au sein de ce calorimètre, un axe ABD, porteur des

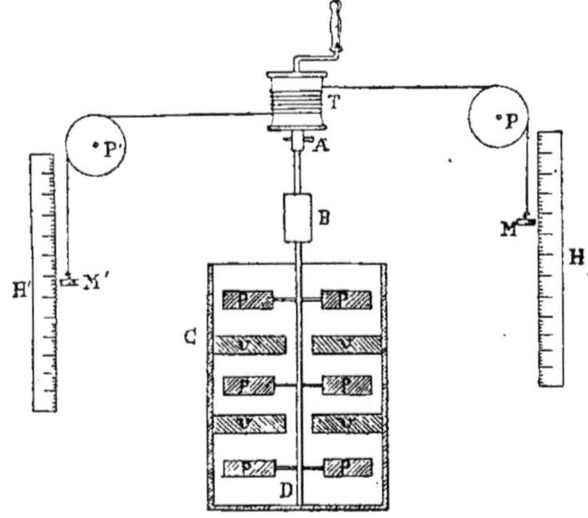

palettes pp, peut être animé d'un mouvement de rotation, au
moyen du treuil T ; entre les palettes pp se trouvent interca-
lées des vannes v, fixées à la paroi interne du calorimètre, et
dont le but est de favoriser l'agitation de la masse liquide

pendant la rotation des palettes. En B, une pièce de buis, faisant partie intégrante de l'axe, est destinée à empêcher toute perte de chaleur par conductibilité ; l'axe est fixé en A au treuil T, au moyen d'une goupille ; cette disposition permet au besoin de faire tourner le treuil indépendamment de l'axe. Enfin, sur le treuil T sont enroulés, en sens inverse, deux cordons qui passent ensuite respectivement sur des poulies P et P', et supportent à leurs extrémités des masses égales de plomb, en forme de disques, M et M'.

Ces masses déterminent par leur chute le mouvement de rotation du treuil T et de l'axe ABD. Les règles verticales H et H' permettent de mesurer, à moins d'un millimètre près, la hauteur de chute des disques M et M' nécessaire pour l'évaluation du travail moteur.

Pour effectuer une expérience, on fait tomber les poids M et M' ; leur chûte entraîne la rotation de l'axe porteur des palettes, et l'eau du calorimètre s'échauffe ; mais l'élévation de température qui en résulte est trop faible pour être mesurée avec quelque précision ; il faut, pour cela, recommencer une trentaine de fois la même manœuvre. Dans ce but, on détache la goupille A et l'on fait remonter les disques M et M', en tournant le treuil T en sens inverse et laissant immobile l'axe des palettes. La durée totale de l'expérience est d'environ trente à quarante minutes, en tous cas dépasse une demi-heure.

L'évaluation du travail mécanique est la partie la plus délicate de l'expérience, à cause des corrections qu'elle entraîne. Du travail $2MgL$, produit par la chute des poids (L étant la hauteur de chute), il faut en effet retrancher le travail consommé : 1° par les frottements ; 2° par la résistance de l'air, et 3° la perte de force vive des disques en arrivant au sol. Les corrections relatives à la résistance de l'air et à la perte de force vive des disques sont faciles à faire, et d'ailleurs assez faibles. La masse d'un disque était, dans l'expérience de M. Joule, environ 5000 fois plus grande que la masse d'air déplacée par lui ; la correction, qui se fait en appliquant le principe d'Archimède, est donc très faible. La perte de force vive est Mv^2, v étant la vitesse des disques à leur arrivée à terre ; pour avoir v, il suffit de suivre sur un chronomètre la marche du disque dont la descente est assez lente ; v ne tarde pas d'ailleurs à devenir constant ; car, dans ces expériences, les frottements des pièces de l'appareil jouent le même rôle que les ailettes, dans l'appareil du général Morin, où la chute du poids, qui provoque la rotation du cylindre, devient bientôt uniforme. Dans les expériences de M. Joule, les disques arrivaient à terre avec des vitesses d'environ $0^m,025$ par seconde. La force vive perdue, Mv^2, était $M \times \overline{0^m,025}^2$ ou $M \times 0,000625$. Après la trentième chute, la force vive perdue était devenue $M \times 0,000625 \times 30 = M \times 0,01875$. La hauteur de chute était d'environ 2 mètres, le travail total dépensé était de 60 M ; la correction n'était donc que de $\dfrac{3}{1000}$.

La cause d'erreur due aux frottements est plus importante, et, en même temps, la correction qu'elle nécessite, plus difficile à évaluer. M. Joule s'en tirait en démontant l'appareil, et supportant l'axe au moyen d'une crapaudine. L'enroulement des cordons sur le treuil T était modifié, et disposé de telle sorte que, si l'un des disques montait, l'autre descendait. Dans ces conditions, les deux masses égales M et M' se faisaient équilibre. On cherchait alors quelle masse additionnelle *m* il fallait superposer à l'un des disques pour imprimer au système un mouvement de même vitesse finale v que dans l'expérience directe ; on trouvait ainsi $m = 0,0074M$. M. Joule admettait que le travail de la masse m était égal au travail employé à vaincre les résistances passives et les frottements, et il le retranchait de M. En réalité, M. Joule introduisait, dans cette évaluation de m, un tourillon qui n'existait pas dans l'expérience primitive, et qui devait absorber du travail ; finalement, il réduisit sa correction à $m = 0,0066$ M. Il n'est nullement évident que la correction soit exacte. Néanmoins, tout considéré, on peut estimer que l'erreur commise sur M — m ne dépasse pas $\dfrac{1}{100}$.

La mesure de la quantité de chaleur mise en jeu, Q, comporte moins d'incertitude. Cette quantité de chaleur est dégagée par l'eau du calorimètre, lorsqu'on laisse sa température revenir à sa valeur initiale, afin que le système se retrouve exactement dans les mêmes conditions qu'au début. Elle est égale au produit de la masse d'eau par l'élévation Θ de température de cette masse. Dans les expériences de M. Joule, Θ n'a jamais dépassé 2° Fahrenheit ; c'est là un écart de température assez petit, mais particulièrement favorable, puisque dans ces conditions les pertes de chaleur par rayonnement sont très faibles ; M. Joule les a calculées de la même façon que Regnault. L'erreur qui peut résulter de cette correction est extrêmement petite ; la correction atteignait à peine le $\dfrac{1}{50^{e}}$ du gain de chaleur, et, comme on peut l'estimer exacte à $\dfrac{1}{10^{e}}$ près, il n'en résulte qu'une erreur possible de $\dfrac{1}{500^{e}}$ sur la valeur de Q. L'évaluation en eau du calorimètre entraîne une erreur plus considérable, quoique toujours très faible. M. Joule a en effet adopté, comme chaleur spécifique du cuivre, le nombre de Regnault, et il doit y avoir là une petite erreur, car tous les cuivres du commerce ne sont pas identiques. Toutefois, la chaleur spécifique du cuivre par rapport à l'eau étant très faible, l'erreur commise ainsi reste inférieure à $\frac{1}{400}$. En résumé, la mesure de la quantité de chaleur est bien plus exacte que celle du travail.

M. Joule fit ainsi plusieurs séries d'expériences, et, comme moyenne d'un grand nombre de séries, trouva pour E la valeur 424,9 ; c'est-à-dire que, pour produire une calorie, il faut dépenser 424,9 kilogrammètres. On peut admettre le nombre 425 qui ne diffère pas sensiblement du nombre trouvé.

Autres expériences. — Ce résultat fut confirmé par toutes les autres expériences similaires. M. Joule, en remplaçant l'eau par le mercure dans l'expérience précédente, trouva E = 425 exactement. Ici, l'emploi du mercure, comme liquide calorimétrique, présente l'avantage de supprimer l'évaporation ; mais, en même temps, la chaleur spécifique de ce liquide étant les $\frac{33}{1000}$ de celle de l'eau, les élévations de température étaient beaucoup plus considérables que dans l'expérience précédente et pouvaient atteindre 14° Fahrenheit. La correction calorifique devenait dès lors moins certaine.

M. Joule faisait encore frotter l'une contre l'autre deux pièces de fer tronconiques ; dans cette expérience, l'évaluation du travail mécanique était très pénible ; en outre, le frottement des deux pièces de fer se faisait avec bruit ; il fallait tenir compte de la perte de force vive transmise à l'air, d'où une correction incertaine.

L'expérience où M. Joule a essayé de mesurer E, au moyen du frottement de l'eau dans des tubes capillaires, est plus correcte. Il prenait un corps de pompe plein d'eau fermé à sa partie supérieure par un piston, en matière poreuse, et que l'on pouvait charger de poids ; l'eau comprimée filtrait à travers les pores du piston, qui descendait en effectuant un travail facile à évaluer ; on mesurait l'élévation de température de l'eau et l'on en déduisait E. L'inconvénient de cette expérience est la difficulté d'y dépenser beaucoup de travail.

En 1870, M. Violle donna de l'équivalent mécanique de la calorie une valeur dont la détermination repose sur la propriété que possède un disque de s'échauffer lorsqu'on le fait tourner entre les pôles d'un électro-aimant. Le disque est alors le siège de courants induits qui s'opposent au mouvement et échauffent le métal dans lequel ils circulent. En mesurant le travail détruit, à peu près comme M. Joule, et la quantité de chaleur créée, en plongeant le disque dans un calorimètre, M. Violle a trouvé pour E la valeur 435, qui diffère sensiblement de celle de M. Joule.

Un très grand nombre d'expériences analogues ont été faites. Toutes n'ont pas donné des résultats voisins de 425. Mais les écarts entre les diverses valeurs obtenues pour E sont toujours assez petits pour qu'on puisse les mettre sur le compte des erreurs d'expérience. C'est ainsi que, dans le travail de M. Violle, on peut attribuer l'écart entre le nombre de M. Joule et le sien, à la perte de chaleur du disque, par rayonnement, avant d'arriver au calorimètre. Une conséquence importante n'en découle pas moins de l'ensemble des déterminations qui ont été faites de E, c'est son invariabilité. Il peut rester dans l'esprit quelque incertitude sur la véritable valeur de ce nombre, mais aucun doute n'est possible sur l'exactitude absolue du principe de l'équivalence. On pourra dès lors prendre, pour valeur de E, telle valeur qui paraîtra la plus approchée, par exemple celle de Joule, et passer à l'étude des conséquences de ce principe.

Expériences récentes. — Il importe cependant de connaître les expériences qui ont été faites récemment, afin de s'affranchir des causes d'erreurs et des défauts que présentent les premières.

Expériences de M. Joule (1878). — Les nouvelles expériences de M. Joule diffèrent des premières par la façon de produire le travail, et surtout par la façon de l'évaluer. Le frottement de l'eau se fait toujours au sein d'un calorimètre c, à l'aide de palettes et de vannes. Ce calorimètre fermé est suspendu, dans l'espace, par un renflement de l'axe de rotation, sans qu'il y ait de liaison invariable entre ces deux pièces ; cependant le calorimètre peut être entraîné, dans le mouvement de l'axe, par l'adhérence de l'eau sur ses parois. Un système de poulies, reliées par une chaîne à des manivelles M et M' qu'on tourne à la main, met l'axe en mouvement. Celui-ci, porteur d'un volant V destiné à régulariser le mouvement, est maintenu vertical par deux traverses A et A'. La partie de l'axe, intérieure au calorimètre, est reliée à la partie supérieure par des cylindres B en bois, pour éviter les pertes par conductibilité. Des cordons tenseurs, enroulés sur une gorge pratiquée à la partie supérieure du calorimètre, l'empêchent d'être entraîné dans le mouvement de rotation. Ces cordons passent sur des poulies O et O', tombent verticalement, et se terminent par des plateaux P, P', qu'on peut charger de poids de façon à maintenir immobile le calorimètre pendant l'expérience. Enfin, D est un flotteur destiné à soulever le calorimètre par trois tiges de bois E, F, G, mauvaises conduc-

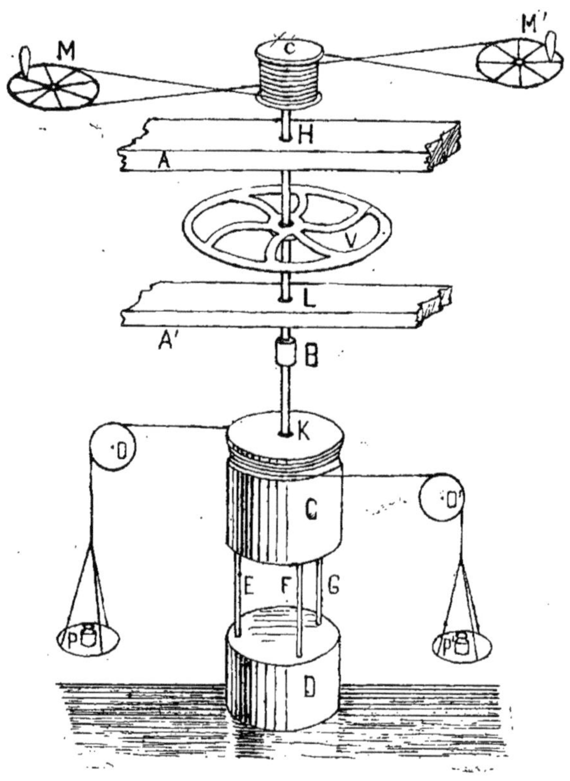

trices. Le frottement de l'axe sur le couvercle du calorimètre s'en trouve diminué.

Pour évaluer le travail, supposons que l'axe soit fixe et que le calorimètre tourne sous l'action des tensions F et F' des cordons. Si r est le rayon du calorimètre, le travail des forces F et F' sera, après n tours, $2\pi r n\,(F + F')$. Or ce travail est aussi celui de l'axe quand, le calorimètre restant fixe, l'axe tourne seul, et cela parce que les mouvements relatifs de ces deux pièces sont les mêmes. Si m et m' sont les masses des poids placés dans les plateaux, le travail est $2\pi r n g(m + m')$. On mesure n au moyen d'un compteur à secondes, analogue à celui de la sirène.

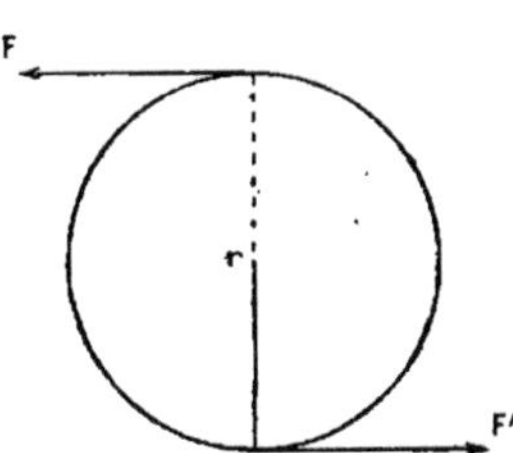

La quantité de chaleur développée à l'intérieur du calorimètre se déduit de l'élévation de température de l'eau du calorimètre.

M. Joule a ainsi fait cinq séries d'expériences ; dans les deux dernières seulement, il s'est servi du flotteur D. La moyenne des valeurs qu'il a obtenues pour E est toujours 425.

L'avantage de cette expérience est qu'il n'y a pas de correction à effectuer dans la mesure du travail.

Expériences de M. Rowland. — En 1879, M. Rowland (1) a fait une étude critique des différentes méthodes employées pour déterminer le nombre E, où il conclut en indiquant celles de M. Joule comme les plus précises, sans cependant les trouver irréprochables. C'est ainsi qu'il trouve trop long le temps nécessaire pour déterminer dans le calorimètre une élévation de température de 1° centigrade. En outre, M. Joule n'avait pas comparé ses thermomètres au thermomètre à air. L'unité de chaleur qu'il employait ne se rapportait donc pas à ce dernier thermomètre, mais au thermomètre à mercure. L'erreur provenant de là nécessite une

____

(1) *Journ. de Phys.* 1881, p. 82 et *Proceedings of the American Academy*, etc. Juin 1879.

correction que fit d'abord M. Rowland. Mais, pour avoir une forte élévation de température dans le calorimètre, il dut recourir de nouveau à l'expérience.

Il emploie le dispositif des dernières expériences de M. Joule, avec un mécanisme différent. L'axe de rotation est mis en mouvement à l'aide d'un moteur à pétrole, et pénètre dans le calorimètre par la partie inférieure ; il s'y évase en forme de cône renversé. Ce cône et les parois du calorimètre portent des palettes percées de trous, afin de permettre à l'eau de circuler. Les palettes, placées vers le sommet du cône, sont recourbées pour renvoyer l'eau vers le haut. On obtient ainsi des courants d'eau ascendants, qui mélangent bien le liquide, et rendent la température uniforme dans toute sa masse. La forme conique permet d'y placer un thermomètre pendant toute la durée d'une expérience, tandis que M. Joule ne mettait le thermomètre qu'à la fin. Il est alors possible, dans un temps assez court, de constater des élévations de température de 15° à 20° C. La rotation du calorimètre est empêchée par un frein de Prony, qui mesure en même temps le travail détruit. C'est dans l'évaluation de ce travail que les expériences de M. Rowland prêtent à la critique. Car le frein de Prony ne mesure en réalité que l'adhérence de l'eau pour le calorimètre. Or le travail fourni par l'axe, et qui se change en chaleur, est de beaucoup supérieur aux frottements de l'eau contre la paroi du calorimètre. Dans leur rotation, les palettes engendrent une foule de tourbillons qui viennent s'amortir contre la paroi, et en même temps transforment en chaleur la force vive dont ils sont animés, sans que cette transformation se traduise par une indication du frein dynamométrique.

M. Rowland a trouvé ainsi pour E environ 428.

Expériences de M. Puluj (1). — Ces expériences, antérieures à celles de M. Rowland et aux dernières de M. Joule, remontent à 1875. Elles utilisent la chaleur dégagée par le frottement de deux pièces creuses, affectant la forme de cônes tronqués. De ces deux pièces, l'une reste immobile et constitue le calorimètre ; l'autre frotte contre elle et reçoit

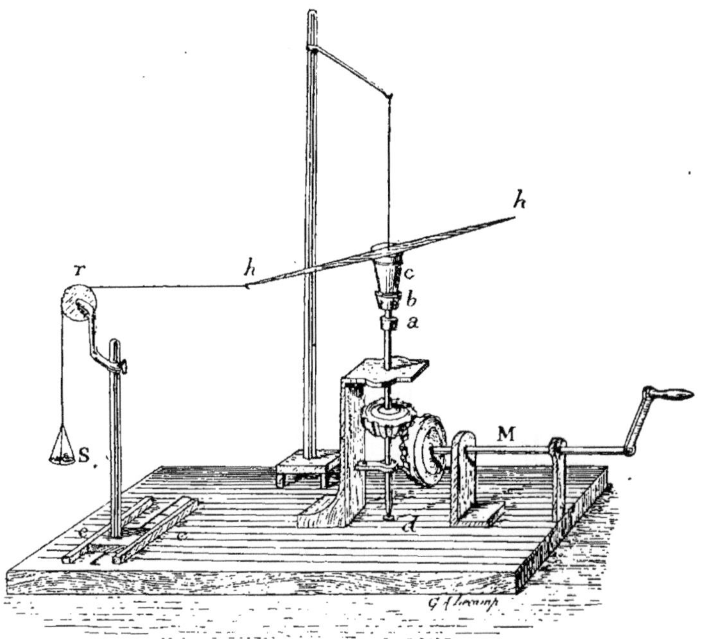

son mouvement d'un système de deux roues d'angles mues par une manivelle M (fig. 1). Le travail, transformé en chaleur, est mesuré au moyen du système tenseur hhrS.

Les deux cônes sont en fonte finement polie, et s'ajustent

(1) *Sitzungsberichte der K. Akademie der W. in Wien.* 1875, mars à juin.

parfaitement l'un dans l'autre ; le cône intérieur, rempli entièrement de mercure, émerge un peu au-dessus du second, sans en atteindre le fond. Ils ont une hauteur commune de $4^c,7$. Le diamètre de base du cône intérieur est de $1^c,68$, et le diamètre intérieur de son ouverture de $2^c,75$. Le cône extérieur a des dimensions analogues. L'épaisseur des cônes est de $0^c,11$ pour le cône extérieur, et de $0^c,13$ pour le cône intérieur.

Une pièce métallique b (fig. 2 et fig. 1), garnie intérieurement de bois, permet, au moyen de trois vis de pression, de faire coïncider l'axe du calorimètre avec celui de la roue motrice. D'épaisses bandes de papier séparent le cône extérieur des vis de pression, et assurent l'isolement thermique du calorimètre. Le cône intérieur (calorimètre) porte un mince couvercle de bois qui lui est fixé invariablement, et sur lequel est adapté un fléau hh également en bois. Au centre du fléau et du couvercle est pratiqué un trou de $1^c,3$ de diamètre, servant à l'introduction d'un thermomètre. L'un des bras du fléau porte à son extrémité un crochet, auquel est attaché un fil hr, passant sur une poulie r, et supportant un plateau de balance S.

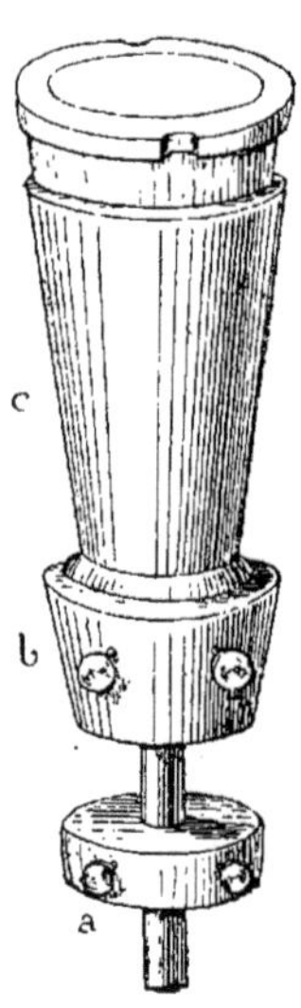

Quand la manivelle est mise en mouvement, le cône extérieur tend à entraîner le calorimètre et par suite le fléau. On cherche alors par tâtonnement la charge pour laquelle le fléau fait un angle droit avec le fil horizontal hr. Le poids P du plateau et de sa charge représente alors la force qui équilibre le frottement des deux cônes, frottement transformé en chaleur.

Le travail τ de la force P se détermine facilement quand on connaît le nombre n de tours du cône extérieur et la longueur du bras de fléau ; on a :

$$\tau = 2n\pi l\mathrm{P}.$$

L'évaluation du travail entraîne une correction. Car la force P n'a pas seulement à vaincre le frottement des deux cônes, mais encore celui de l'axe de la poulie r sur son support. La correction p n'est autre que le poids additionnel nécessaire pour troubler l'équilibre de la poulie et faire dévier le fléau ; p est à retrancher de P. Dans l'appareil de M. Puluj, la moyenne de plusieurs expériences a donné $p = 0^{\mathrm{gr}},7$.

La quantité de chaleur Q développée dans l'expérience est

$$Q = c\,(\theta - t),$$

c étant la valeur en eau du calorimètre, θ la température finale après n tours, et t la température ambiante. Il en résulte pour l'équivalent mécanique de la calorie la valeur

$$\mathrm{E} = \frac{2n\pi l\mathrm{P}}{c(\theta - t)}.$$

La mesure de Q se complique d'une correction q, provenant de la chaleur perdue par rayonnement ; q se calcule au moyen de la loi de Newton. D'ailleurs, les expériences de M. Puluj ne duraient pas plus de cinquante secondes et les élévations de température du calorimètre ont toujours été inférieures à $4°,5$ C. La moyenne de toutes les expériences a donné

$$\mathrm{E} = 425,2$$

avec une erreur moyenne de $\pm\,5,4$.

Dans une autre série d'expériences, M. Puluj ne s'est pas astreint à maintenir le fléau hh perpendiculaire au fil hr : il se bornait à mesurer la déviation φ du fléau au moyen du dispositif suivant (fig. 3). Sur un triangle rectangle en bois, de c comme centre, avec un rayon égal à la longueur l du bras du fléau, on décrit un arc de cercle am, passant par le som-

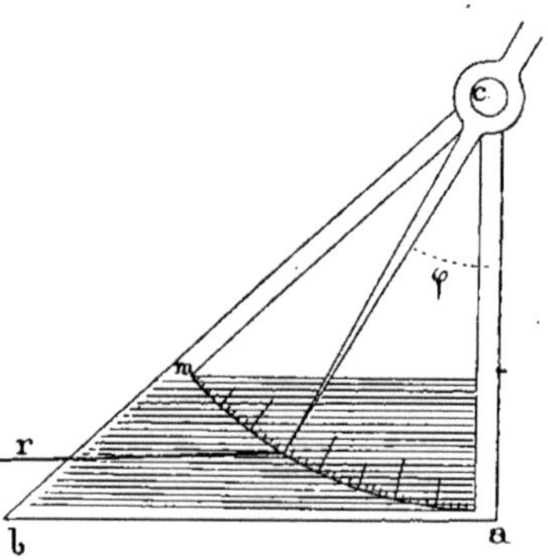

met a de l'angle droit et divisé en degrés. Perpendiculairement au côté ac et parallèlement à la bordure ab, des traits sont tracés. Le triangle est placé horizontalement au-dessous du fléau, de manière que celui-ci coïncide avec l'un des côtés de l'angle droit et le fil avec l'autre. La déviation φ du fléau, au cours de l'expérience, s'obtenait par lecture directe, après avoir rendu le fil parallèle aux traits du triangle, au moyen de la glissière ee (fig. 1). Dans ce cas, il faut remplacer P, dans les formules, par P cos φ. Les expériences, ainsi faites, ont donné pour E la valeur

$$E = 426,7$$

avec une erreur moyenne de $\pm 5,9$.

L'appareil de M. Puluj, à cause de ses faibles dimensions, peut servir d'appareil de démonstration dans les cours.

Cycles fermés. — Nous avons supposé, dans ce qui précède, qu'il n'y avait pas d'autres phénomènes que ceux-ci : — 1° dépense de travail ; 2° dégagement de chaleur ; — s'il y avait un troisième phénomène, l'équation $\tau = EQ$ ne serait plus vérifiée.

Un exemple fera comprendre cette restriction. — Supposons qu'on place sous un piston un corps compressible : on charge le piston de poids, on dépense un travail τ ; on constate un dégagement de chaleur Q'. Ici on n'a plus l'égalité $\tau = EQ'$, car il intervient un troisième phénomène dont l'effet subsiste après l'expérience ; le corps qui n'était pas comprimé se trouve comprimé à la fin ; il faut, dans l'équation d'équivalence, introduire un terme de correction x, et écrire

$$\tau = EQ' + x.$$

On exprime ce fait en disant que le principe de l'équivalence ne s'applique qu'aux cycles fermés. Un système de corps a parcouru un cycle fermé lorsqu'il a subi une série de transformations telles, qu'à la fin de la série il se trouve dans le même état qu'au commencement. — Ainsi, l'eau qui a filtré à travers une paroi poreuse a parcouru un cycle fermé, car elle n'est pas restée comprimée. On peut vérifier expérimentalement que dans le cas des cycles ouverts on n'a pas $\tau = EQ'$; on peut même réaliser des dispositions où Q' est de signe contraire à τ.

Expériences de M. Edlund (1). — C'est précisément le

(1) Edlund. — *Recherches sur les phénomènes calorifiques qui accompagnent les changements de volume des corps solides, et sur le travail*

cas d'une expérience imaginée par M. Edlund en 1865 ; un fil métallique fixé en A est tendu verticalement par un poids attaché en B ; si on augmente le poids, le fil s'allonge, il y a un travail dépensé τ. On devrait donc constater une élévation de température : en réalité le fil se refroidit. L'équation $\tau = EQ$ n'est pas vérifiée puisque τ et Q sont de signes contraires. Cela tient à ce que le cycle n'est pas fermé ; l'état final du fil n'est pas identique à son état initial, puisqu'il s'est allongé. Si l'on veut fermer le cycle, il faut décrocher les poids et laisser le fil revenir à son état primitif.

Dans la réalisation expérimentale de cette méthode, il y avait quelques précautions à prendre. Il fallait : 1° qu'au commencement de l'expérience la traction fût nulle afin de partir

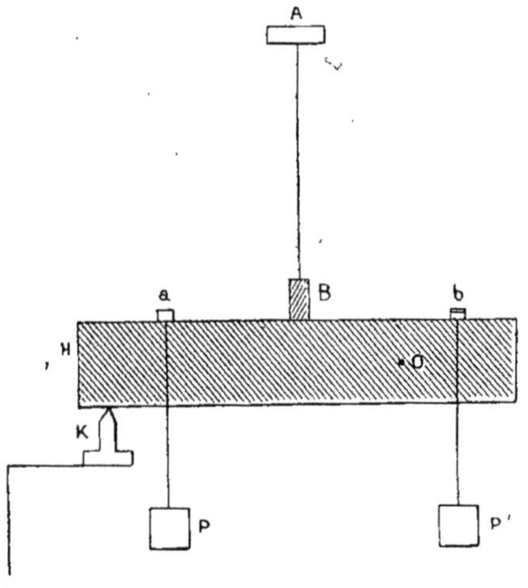

d'un état initial bien déterminé ; 2° que la limite d'élasticité

mécanique correspondant (Poggendorff's *Annalen*, t. CXIV, p. 1. — Verdet. Œuvres complètes t. VII, *Théorie de la chaleur*, I, p. 68.).

du fil ne fût pas dépassée, afin de permettre au fil de revenir à son état primitif. Pour cela, le fil était attaché en B à un levier mobile autour d'un point fixe O. Sur les bras du levier pouvaient se déplacer de a en b des poids P et P'. On commençait par régler la position de ces poids de façon qu'il y eût équilibre. On attachait ensuite le fil qui ainsi n'était soumis à aucune traction. — Pour produire la traction on déplaçait le poids P le long du bras de levier OH. Afin de ne pas dépasser la limite d'élasticité du fil, la course du poids P était limitée par un buttoir K. Lorsque P était arrivé à l'extrémité de sa course, on l'enlevait en détachant une clavette, et, le fil revenait peu à peu à son état initial.

Dans la première partie de l'expérience, le fil s'allonge en effectuant un travail τ. On constate un refroidissement, correspondant à un dégagement de chaleur négatif q. Dans la seconde partie, il n'y a aucun travail effectué : on constate un échauffement correspondant à un dégagement de chaleur $+ q'$. La somme des chaleurs dégagées est $Q = q' - q$. Le fil se servait à lui-même de calorimètre. Connaissant sa chaleur spécifique, son poids et ses variations de température, on pouvait calculer q et q'. M. Edlund mesurait les variations de température à l'aide d'une pince thermo-électrique.

Le quotient $\dfrac{\tau}{Q}$ fut trouvé peu différent de 425. Les nombres obtenus sont :

$$
\begin{aligned}
&\text{pour le laiton.} \quad . \quad . \quad . \quad . \quad 428,3 \\
&\text{pour le cuivre.} \quad . \quad . \quad . \quad . \quad 430 \; » \\
&\text{pour l'argent.} \quad . \quad . \quad . \quad . \quad 433 \; »
\end{aligned}
$$

Les résultats sont meilleurs pour le laiton, probablement

parce que c'est un alliage plus élastique. Le cuivre et l'argent étant relativement mous peuvent ne pas revenir à leur état primitif.

Expériences de M. Hirn sur le choc (1). — Nous rappellerons les expériences de M. Hirn sur l'écrasement du plomb.

Un gros cylindre de fonte soutenu par des cordes verticales peut se mouvoir parallèlement à lui-même dans un plan vertical. Dans le même plan vertical est suspendue, de la même manière, une enclume de grès dont la tête est recouverte d'une plaque épaisse de fer forgé. Entre ces deux pièces on place le morceau de plomb qui doit être soumis à l'écrasement et dont on détermine à l'avance le poids et la chaleur spécifique. Connaissant le poids du bélier et la hauteur à laquelle on le soulève, connaissant aussi le poids de l'enclume et la hauteur à laquelle elle s'élève après le choc, on en conclut aisément l'expression de la quantité de travail qui a été transformée en chaleur. Le plomb s'est échauffé par le choc; on mesure son échauffement en le laissant tomber dans un calorimètre. On a ainsi les données nécessaires pour calculer E.

Cette méthode est curieuse, mais sujette à quelques critiques. Une portion de la chaleur produite est retenue par le bélier pendant son contact avec le plomb et échappe ainsi à la mesure. De plus le cycle n'est pas fermé ; le plomb soumis à l'expérience subit une déformation et s'écroui un peu. Les corrections qu'il faudrait introduire sont probablement faibles, mais ne peuvent être calculées. Les résultats obtenus par M. Hirn sont néanmoins remarquables; le nombre obtenu pour E est très voisin de 425.

(1) Hirn. *Théorie mécanique de la chaleur*, 2ᵉ édition, 1ʳᵉ partie, page 38.

Nécessité de ne mesurer E qu'avec des cycles fermés. — Les deux cas que nous venons d'étudier nous montrent qu'il est essentiel de ne déterminer E qu'avec des cycles fermés. L'équation $\mathfrak{T} = EQ$ n'est vérifiée que dans ce cas. — Nous allons encore en citer quelques exemples.

Considérons un corps qui se contracte quand on l'échauffe, par exemple l'eau entre 0° et 4°. Un tel corps se refroidit lorsqu'on le comprime. On a donc une dépense de travail accompagnée de la production de froid. L'équation $\mathfrak{T} = EQ$ n'est pas vérifiée car le cycle n'est pas fermé. Si on veut fermer le cycle, il faut permettre au corps de se décomprimer. Supposons qu'on opère sur un liquide contenu dans un corps de pompe. La compression sera obtenue en chargeant le piston de poids ; en descendant, le piston compri-

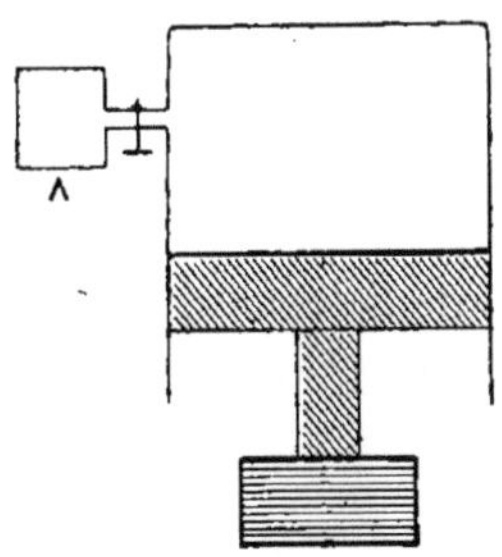

mera le liquide en exécutant un travail. Pour fermer le cycle, il faudra laisser le liquide se décomprimer sans pour cela permettre aux poids de remonter ; sans quoi on ne ferait que revenir sur ses pas, en produisant dans la seconde partie de l'expérience un travail égal et contraire à celui qui intervient dans la première. On pourra ramener le liquide à son volume primitif en ouvrant dans le corps de pompe un robinet R en communication avec un espace V de grandeur convenable. Si alors $-q$ désigne la chaleur dégagée pendant la compression, $+q'$ la chaleur dégagée pendant la décompression, on a :

$$\frac{\mathfrak{T}}{-q + q'} = 425.$$

Calcul de E à l'aide des constantes des gaz. — La considération des gaz va nous permettre de trouver E sans nouvelles expériences, en profitant simplement des données numériques fournies par un certain nombre d'expériences connues. C'est la méthode de Mayer.

Imaginons que l'unité de masse d'air enfermée dans un corps de pompe sous la pression p_0 occupe, à la température de $1°$ C., un volume $v_0 + v_0\alpha$, α étant le coefficient de dilatation de l'air. Laissons la pression p_0 constante et abaissons la température de $1°$ C., la diminution de volume est $v_0\alpha$; on voit facilement que le travail accompli par le piston est $p_0 v_0 \alpha$. En même temps la masse d'air perd de la chaleur, et si C est la chaleur spécifique de l'air à pression constante, la quantité de chaleur perdue est C.

L'air occupe actuellement le volume v_0, sous la pression p_0, et à la température zéro. Ramenons-le à la température initiale en maintenant son volume constant. La force élastique change, mais, le piston restant fixe, le travail dépensé est nul. Toutefois il faut fournir au gaz sa chaleur spécifique à volume constant c. Pour fermer le cycle, ramenons le gaz à sa pression et à son volume primitifs ; il suffira de lui

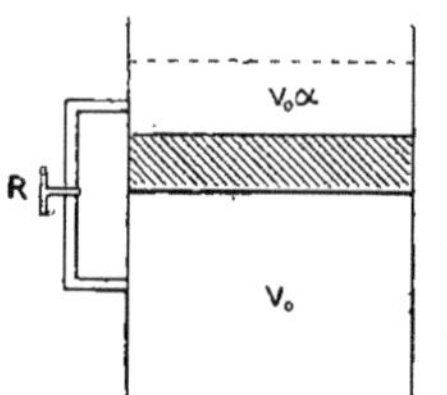

rendre le volume $v_0 + v_0\alpha$, car, en vertu de la loi de Mariotte, il reprendra de lui-même la pression p_0. Il est inutile, pour effectuer cette transformation, de dépenser à nouveau du travail ; il faut donc se garder de faire remonter le piston. Pour résoudre le problème, nous supposerons que le volume v_0 est mis en communication avec l'espace vide $v_0\alpha$ par un conduit de volume négligeable. En ouvrant le robinet

R, le gaz se détend sans produire de travail, mais en dégageant une quantité de chaleur x (Joule et Thomson).

La quantité totale de chaleur *dégagée* est donc

$$Q = C - c + x,$$

et par suite

$$E = \frac{\mathfrak{C}}{Q} = \frac{p_0 v_0 x}{C - c + x}.$$

Ici la difficulté est de connaître x ; l'expérience seule peut le donner. Les expériences de Joule et Thomson, sur lesquelles nous reviendrons plus tard, ont montré que x est très petit et qu'on peut le négliger ; l'erreur qui en résulte n'est pour l'air que de $\frac{1}{500}$ environ, pour l'hydrogène de $\frac{1}{1200}$ de la valeur à calculer. On peut d'autant mieux admettre cette approximation que l'incertitude est beaucoup plus grande sur les valeurs de C et de c. On prendra donc comme valeur approchée

$$E = \frac{p_0 v_0 x}{C - c} ;$$

v_0 est le volume occupé à zéro par l'unité de masse d'air ou d'un gaz quelconque sous une pression arbitraire p_0. Regnault a mesuré directement C pour un grand nombre de gaz ; c se déduit de la valeur de $\frac{C}{c}$, rapport déterminé, soit par la méthode de Clément et Desormes, soit par la mesure de la vitesse du son.

Les valeurs obtenues pour E, par cette méthode, avec les différents gaz, sont voisines de 425. En voici le tableau :

$$\text{Air} \quad . \quad . \quad . \quad . \quad . \quad . \quad 426$$
$$\text{Oxygène} \quad . \quad . \quad . \quad . \quad . \quad 425,7$$
$$\text{Azote} \quad . \quad . \quad . \quad . \quad . \quad 431,3$$
$$\text{Hydrogène.} \quad . \quad . \quad . \quad . \quad 425,3$$

Il est remarquable que la valeur de E, trouvée au moyen de l'hydrogène, soit presque identique au résultat des meilleures expériences de M. Joule. On peut rapprocher ce fait de cet autre que x a la plus faible valeur pour l'hydrogène.

TRAVAIL EXTÉRIEUR

Considérons le cas ou le travail extérieur est effectué contre une pression uniforme sur toute la surface du corps considéré, et partout normale à cette surface ; c'est le cas d'un fluide en équilibre.

Désignons par p la force élastique d'un gaz, renfermé dans un corps de pompe cylindrique, et par δv la variation de son volume ; il est facile de voir que le travail correspondant est $p\delta v$. Cette expression subsiste encore quelles que soient la nature et la forme du corps.

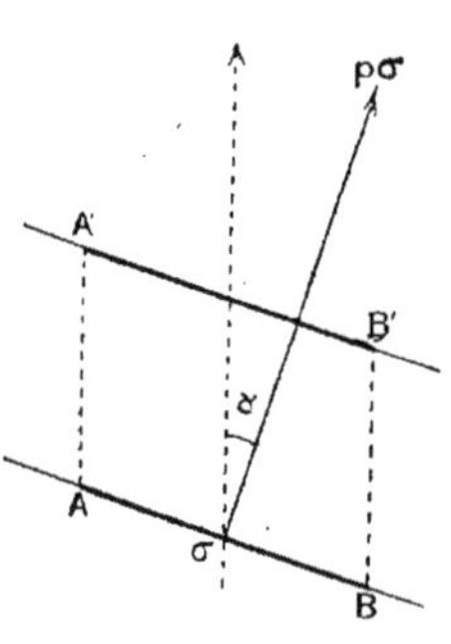

Imaginons, en effet, que le corps prenne un accroissement de volume dv. L'élément AB $=$ σ de la surface, auquel est appliquée une force normale $p\sigma$, dirigée vers l'intérieur, se déplace parallélement à lui-même, sur une longueur ε. Soit α l'angle de la normale vers l'extérieur avec la direction du déplacement qu'on sup-

pose s'effectuer de AB vers A'B' ; le travail correspondant
est $p\sigma\varepsilon \cos \alpha$. Or $\sigma\varepsilon \cos \alpha$ représente le volume ω du cylindre
AB A'B'. Le travail est donc encore $p\omega$. Comme p est uniforme
sur toute la surface, le travail élémentaire pour la surface
entière est $p\Sigma\omega = p\,dv$. Pour une variation finie de volume,
le travail total est $\int_{v_0}^{v_1} p\,dv$.

Représentation graphique de Clapeyron. — Il est
souvent commode de représenter graphiquement le cycle des
transformations que l'on fait subir aux corps sur lesquels on
opère. Cette représentation est due à Clapeyron.

Prenons deux axes de coordonnées ox, oy ; nous prendrons
comme abcisses sur ox des longueurs proportionnelles aux
volumes, comme ordonnées sur oy des
longueurs proportionnelles aux pressions. A un instant quelconque de la
transformation le volume est v, la pression p. L'état du corps à cet instant est
représenté par un point A, déterminé
en prenant sur ox une longueur $OB = v$, et sur la perpendiculaire à ox en B une longueur $BA = p$.

Comme exemple de cette
représentation graphique,
nous figurerons le cycle
parcouru par le gaz dans
un chapitre précédent. Le
gaz occupait primitive-
ment un volume $v_0 + v_0\alpha$
sous la pression p_0 et à 1^0.

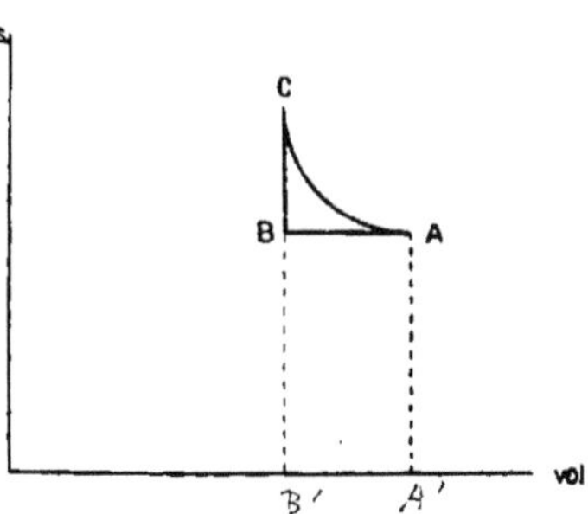

Le point représentatif est A. Le gaz est refroidi de 1^0 à 0^0 à pression constante, le volume s'abaisse à v_0 ; le point représentatif suit la parallèle AB à l'axe des volumes. On réchauffe ensuite le gaz à volume constant de 0^0 à 1^0 ; la pression augmente, et le point figuratif se déplace de B en C sur une parallèle à l'axe des pressions. Enfin on ramène le gaz à son volume et à sa pression initiale à température constante ; le point figuratif se déplace de C en A.

Il faut remarquer que $\mathrm{BA} = v_0\alpha$ et $\mathrm{BB'} = \mathrm{AA'} = p_0$. Le travail dépensé $p_0 v_0 \alpha$ est donc équivalent à l'aire du rectangle AA'BB'.

C'est d'ailleurs la propriété la plus importante de la représentation de Clapeyron. Quelle que soit la forme de AB, l'aire $a\mathrm{AB}ba$ représente le travail effectué le long de cette courbe.

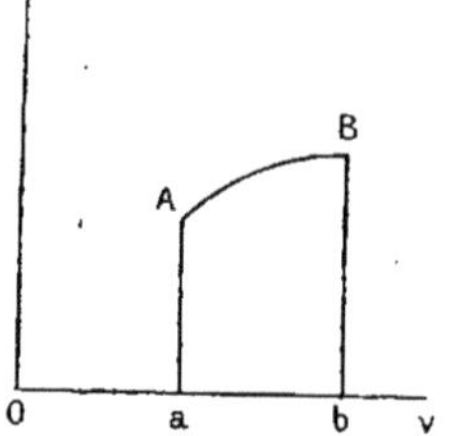

Si le cycle est fermé, l'aire intérieure représente encore le travail effectué le long du cycle. Cela résulte de la formule

$$\tau = \int p\,dv.$$

L'aire devra être prise avec le signe $+$ quand le point figuratif se déplace de A vers B dans le sens AMBNA, et avec le signe $-$ dans le sens contraire.

TRANSFORMATION DE LA CHALEUR EN TRAVAIL

L'étude de la transformation de la chaleur en travail est en
général moins simple que l'étude que nous venons de faire de
la transformation inverse. — Les appareils où l'on produit du
travail en dépensant de la chaleur sont les machines thermiques. Les machines thermiques ordinairement en usage sont
constituées par un corps dont on peut faire varier à volonté
la température et le volume.

Prenons, par exemple, de l'eau à une température initiale t ; si on l'échauffe à la température T', elle se réduira

en vapeur ; cette vapeur aura la force
élastique maxima F correspondant à la
température T. Cette force élastique peut
être utilisée pour pousser un piston P. Il
y a une certaine quantité de chaleur absorbée par la volatilisation de l'eau ; une
quantité correspondante de travail est produite par le déplacement du piston.

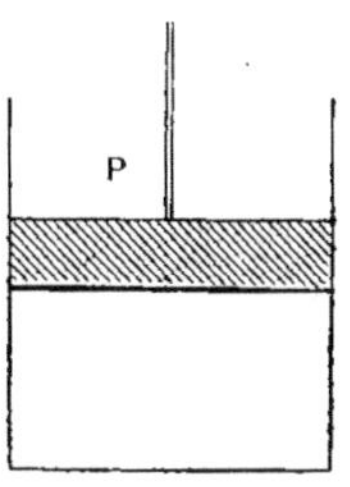

Si l'on veut appliquer à cet exemple le principe de l'équivalence, il faut fermer le cycle, c'est-à-dire revenir à l'état
initial. Pour cela nous refroidirons la vapeur d'eau produite
à volume constant. Sa force élastique maxima diminuera
et prendra la valeur f correspondant à la température $t < $ T ;
alors $f < $ F. Une certaine quantité de vapeur se condensera
et dégagera ainsi de la chaleur. Pour revenir au volume initial, nous comprimerons la vapeur restante ; il faudra pour
cela dépenser une quantité de travail plus faible que celle qui

avait été produite dans la première partie car la force élastique f à vaincre est moindre que la force élastique motrice F.

Le travail recueilli $\mathfrak{C}$ est donc une somme algébrique. — La quantité de chaleur mise en jeu est de même une somme algébrique de plusieurs termes ; on fournit une quantité q de chaleur pour la volatilisation de l'eau, on recueille une quantité q' par la condensation de la vapeur ; la chaleur dépensée est $q - q'$ ou, dans le cas général, $\Sigma q = Q$.

Si le cycle est fermé, on doit avoir

$$\frac{\mathfrak{C}}{Q} = E = 425.$$

Vérification expérimentale (1). — M. Hirn a vérifié ce résultat par une série d'expériences sur les machines à vapeur, où il employa des machines de puissances différentes, dont la force pouvait aller jusqu'à 200 chevaux. Il s'est appliqué à mesurer avec autant de précision que possible, d'une part la chaleur mise en jeu, d'autre part le travail produit.

$1°$ *Mesure des quantités de chaleur mises en jeu*. — La chaleur absorbée a été employée à vaporiser de l'eau. Soit de l'eau à la température t. On la porte à la température de la chaudière T, et on la convertit en vapeur saturée à T°. La quantité de chaleur à fournir au poids p d'eau soumis à cette

---

(1) Hirn. — *Recherches sur l'équivalent mécanique de la chaleur.*

(2) On trouve dans Verdet (*Théorie mécanique de la chaleur*, t. I, p. 51) la formule $q = p\,[606,5 + 0,305\,(T - t)]$.

Cette formule est en contradiction avec l'expérience : si l'on y fait $t = T$, on trouve pour la chaleur latente de vaporisation à la température T une quantité constante et indépendante de la température ; les expériences de Regnault ont appris au contraire que cette chaleur latente allait en décroissant à mesure que la température s'élevait

transformation est donnée par la formule de Regnault :

$$(2) \quad q = p[606,5 + 0,305\mathrm{T} - t].$$

La détermination de q exige donc : 1° la connaissance de T et de t qui sont faciles à déterminer; 2° celle de p; on y arrive en surveillant l'alimentation de la chaudière. Il y a des précautions accessoires à prendre ; en même temps que la vapeur est entraînée dans le piston, on a aussi un entraînement de gouttelettes d'eau ; il faut avoir soin de n'opérer que sur de la vapeur sèche. — La chaleur non utilisée q' est restituée au condenseur. La vapeur arrive dans ce condenseur avec une pression variable, ce qui fait qu'on ne peut trouver la chaleur restituée par l'application des formules empiriques. La quantité q' ne peut se déduire que de l'expérience ; on maintient le condenseur à une température constante en lui fournissant de l'eau froide en quantité convenable. Cette eau entre à une température connue, et sort à une autre température connue. La chaleur qu'elle emporte est précisément la chaleur cédée au condenseur.

Il y a toutefois d'autres causes d'erreur dont il est plus difficile de tenir compte ; entre la chaudière et le condenseur il se perd une quantité R de chaleur, perte due à l'imperfection des organes de la machine. M. Hirn s'est attaché à rendre R aussi faible que possible. On a alors, pour la chaleur mise en jeu, $Q = q - (q' + R)$.

2° *Mesure du travail.* — Le travail produit a été mesuré par M. Hirn à l'aide de l'*indicateur de Watt*. — Cet appareil se compose d'un petit corps de pompe que l'on dispose sur le couvercle du cylindre de la machine à vapeur. Dans l'intérieur se meut un piston K dont la tige commande un crayon inscripteur ; le mouvement du piston est amplifié par un système de deux leviers.

Un cylindre D, à axe vertical, est animé alternativement dans les deux sens d'un mouvement de rotation correspondant exactement au mouvement de va et vient du piston. Ce cylindre, dont la vitesse de rotation est à chaque instant proportionnelle à la vitesse du piston, est muni d'une feuille de papier sur laquelle s'appuie le crayon. L'action de la vapeur qui s'exerce au-dessous du petit piston est contrebalancée par l'action d'un ressort en hélice disposé au-dessus de K.

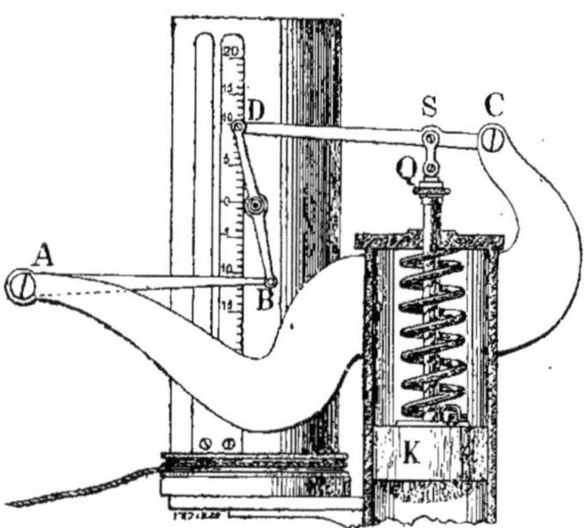

Dans ces conditions, les abscisses de la courbe tracée sur le papier par le crayon (cette courbe est le diagramme de la machine) sont proportionnelles aux variations de volume de la vapeur dans le cylindre. Quant aux ordonnées, elles sont proportionnelles aux déplacements de K, c'est-à-dire aux pressions de la vapeur. Si l'on suppose que la pression de la vapeur fournie par la chaudière est constante après chaque course du piston de la machine, le diagramme devra être une courbe fermée. L'aire de cette courbe sera proportionnelle à $\int p\,dv$, c'est-à-dire au travail extérieur effectué par la machine.

Cet appareil très simple n'est malheureusement pas très précis ; le piston K n'obture jamais parfaitement et on néglige le frottement qu'il exerce sur les parois du corps de pompe.

Résultats. — M. Hirn a fait un grand nombre d'expériences par cette méthode ; il a obtenu pour $\dfrac{\mathfrak{C}}{Q}$ des nombres très variables oscillant entre 300 et 400. Les conditions de l'expérience expliquent cette différence avec les résultats précédents. On a négligé au dénominateur le terme soustractif R ; le dénominateur Q était donc trop grand, par suite la valeur du rapport $\dfrac{\mathfrak{C}}{Q}$ trop faible.

D'ailleurs, l'objet de M. Hirn dans ces recherches n'était pas de calculer E, mais bien de montrer qu'il y avait de la chaleur absorbée dans le jeu des machines à vapeur, ce qui était encore contesté à l'époque où les expériences furent entreprises. A ce point de vue, le but du savant ingénieur fut atteint puisqu'il démontra que Q n'était pas nul.

Remarque. — Certaines machines thermiques jouissent d'une propriété remarquable. Étant donnée une machine thermique qui transforme la chaleur en travail, on peut renverser le jeu de cette machine de manière à lui faire transformer du travail en chaleur.

Soit par exemple une machine à vapeur, convenablement construite, en relation avec une chaudière et un condenseur. Si, avec un moteur extérieur, on la force à se mouvoir à l'envers, c'est-à-dire à marcher à contre vapeur, on aura une pompe aspirante et foulante ; la vapeur sera aspirée dans le condenseur et refoulée dans la chaudière.

Si $\mathfrak{C}$ est le travail fourni, q la chaleur dégagée par la compression de la vapeur, q' la chaleur absorbée prise au condenseur, on a encore

$$\mathfrak{C} = E\,(q - q').$$

On conçoit facilement comment se traduit graphiquement la réversibilité du cycle parcouru par un corps. Soit ANBM ce cycle. Quand le cycle est parcouru dans le sens normal, en absorbant de la chaleur et produisant du travail, le point figuratif parcourt la courbe dans un certain sens ; lorsque le cycle est parcouru en sens inverse, en absorbant du travail et produisant de la chaleur, le point figuratif décrit la courbe en sens inverse.

COROLLAIRE DU PRINCIPE DE L'ÉQUIVALENCE

D'après ce qui précède, pour toute machine thermique produisant du travail et revenant à son état initial après différentes transformations, on a la relation

$$\mathfrak{C} - EQ = 0.$$

Soit AMBN le cycle parcouru (voir p. 30). On peut supposer que la machine a d'abord fonctionné de A en B suivant AMB, en dépensant Q_1 et produisant $\mathfrak{C}_1$, puis de B en A suivant BNA en dépensant Q_2 et produisant $\mathfrak{C}_2$;

alors $$\mathfrak{C} = \mathfrak{C}_1 + \mathfrak{C}_2.$$

De même $$Q = Q_1 + Q_2.$$

On en tire, en remplaçant dans $\tau - EQ = 0$

$$\tau_1 + \tau_2 - E(Q_1 + Q_2) = 0$$

ou
$$\tau_1 - EQ_1 = -(\tau_2 - EQ_2).$$

$\tau_1 - EQ_1$ est la partie de la quantité $\tau - EQ$ qui correspond au passage de A à B par l'arc AMB. $\tau_2 - EQ_2$ est la partie de $\tau - EQ$ qui correspond au passage de B à A par l'arc BNA. Si, au lieu de suivre la série des transformations BNA, on suivait la série ANB, les phénomènes seraient renversés. En vertu de la réversibilité, τ_2 et Q_2 changeront de signe. Si donc on désigne maintenant par τ_2 et Q_2 le travail produit et la chaleur absorbée en passant de A à B suivant ANB, on aura

$$\tau_1 - EQ_1 = \tau_2 - EQ_2 ;$$

d'où l'on peut déduire le théorème suivant :

La valeur de $\tau - EQ$, pour passer d'un même état initial à un même état final, est constante et indépendante de la série des transformations que l'on a fait subir au corps entre cet état initial et cet état final.

Ce théorème n'a été établi que dans le cas des transformations réversibles, c'est-à-dire telles qu'il suffise de faire varier infiniment peu les conditions de l'expérience pour que la transformation ait lieu dans un sens ou en sens inverse. Tous les phénomènes ne sont pas réversibles : le frottement dégage de la chaleur, mais il est impossible en dépensant de la chaleur de reproduire le frottement. De même, lorsqu'on enflamme un mélange détonant, la réaction inverse est impossible. On admet, parce que l'expérience le prouve, que le principe de l'équivalence et le corollaire de l'état initial et de l'état final (qui n'a été démontré que dans le cas des phénomènes réversibles) sont toujours applicables, même aux phénomènes non réversibles.

EXPRESSION ANALYTIQUE DU PRINCIPE DE L'ÉQUIVALENCE

L'état d'un corps ou d'un système de corps est déterminé lorsque l'on connaît un certain nombre de paramètres variables : volume, pression, etc... Pour fixer les idées, considérons un corps dont l'état est déterminé lorsque l'on connaît son volume, et la pression à laquelle il est soumis.

Supposons que l'état initial A soit caractérisé par les valeurs p_0, v_0 des variables p et v, et que l'état final B soit caractérisé par p_1, v_1. La valeur de τ — EQ, quand le corps passe de l'état A à l'état B, ne dépend que de p_0, v_0. Si le corps part d'un même état initial A pour aboutir à des états B différents, la valeur de τ — EQ ne dépend que des coordonnées du point représentatif de B. Dans tous les cas, la valeur de τ — EQ est la même, quelle que soit la courbe parcourue par le corps entre A et B. Il en résulte que l'expression τ — EQ est une véritable *fonction* de p_1 et v_1, puisqu'elle est déterminée quand on se donne p_1 et v_1. De même τ — EQ est une *fonction* de p_0 et v_0.

Utilité de la notation différentielle. — Arrivés à ce résultat, nous introduirons dans notre analyse la notation différentielle. L'utilité de cette introduction sera comprise par la suite ; remarquons seulement que tous les coefficients, toutes les constantes de la physique ne sont que des coefficients différentiels ou des dérivées partielles. Par exemple, la chaleur spécifique d'un corps est un coefficient différentiel. — Soit un corps dont on fait varier la température t de dt. Supposons qu'il se dilate à pression constante, son volume s'accroît de dv ; la chaleur à lui fournir est Cdt, donc

$$dQ = Cdt \qquad \text{d'où} \qquad C = \frac{dQ}{dt},$$

C est la chaleur spécifique à pression constante. De même si la température du corps reste constante, mais qu'on fasse varier son volume ou sa pression, la quantité de chaleur mise en jeu est proportionnelle à la variation infiniment petite de volume dv, donc

$$dQ = ldv , \qquad \text{ou} \qquad l = \frac{dQ}{dv} ;$$

l est la chaleur latente de dilatation.

Ainsi on admet qu'il y a proportionnalité entre les quantités de chaleur absorbées et les variations de température et de volume. Lorsque l'intervalle est infiniment petit, cette approximation est légitime, car les densités et autres propriétés des corps restent constantes dans tout l'intervalle, à des infiniment petits près d'ordres supérieurs. L'avantage essentiel des transformations infiniment petites est de pouvoir considérer les quantités de chaleur mise en jeu comme proportionnelles aux variations des variables indépendantes.

Si, pour un corps soumis à une transformation, il y a à la fois échauffement et décompression, il faut en tenir compte ; car en réalité la décompression ne se fait plus sur un corps à température t, mais sur un corps dont la température varie de dt ; donc, pour la chaleur absorbée pendant la dilatation à température constante, la variation de température dt devrait intervenir ; mais les termes de correction que l'on introduirait ainsi étant de deuxième ordre, on peut les négliger et écrire

$$dQ = cdt + ldv$$

les coefficients c et l étant des coefficients différentiels définis comme on l'a fait précédemment

$$c = \frac{dQ}{dt} \qquad l = \frac{dQ}{dv}.$$

De même, en prenant comme variables indépendantes la température et la pression, on a

$$dQ = Cdt + hdp$$

avec $\qquad C = \frac{dQ}{dt} \qquad h = \frac{dQ}{dp}.$

La pression elle-même peut être considérée comme un coefficient différentiel. Soit un corps qui travaille en surmontant une pression extérieure : pour une augmentation de volume égale à 1, le travail dépensé est p, pour une augmentation dv le travail sera $d\tau = pdv$.

Si le travail dépend non seulement de la dilatation, mais d'une autre variable z, on a :

$$d\tau = pdv + kdz \qquad \text{d'où } p = \frac{d\tau}{dv}.$$

$d\tau$ — EdQ est une différentielle exacte. — La nécessité de traduire nos principes par des équations différentielles étant établie, nous chercherons l'expression analytique de ce fait que $\tau - EQ$ est une fonction de p_0 et de v_0. Or, pour chaque transformation infiniment petite entre A et B, on a une variation infiniment petite de $\mathfrak{C} - EQ$ qui est $d\mathfrak{C} - EdQ$. La somme de toutes ces variations infiniment petites entre p_0,v_0 et p_1,v_1 est

$$\int_{p_0 v_0}^{p_1 v_1} (d\mathfrak{C} - EdQ) = (\mathfrak{C} - EQ) \, {}_{p_0 v_0}^{p_1 v_1}.$$

$(\mathfrak{C} - EQ) \, {}_{p_0 v_0}^{p_1 v_1}$ est une véritable fonction des limites p_0,v_0 et p_1,v_1 ; donc l'intégrale du premier membre est aussi une fonction de ces limites p_0,v_0 et p_1,v_1 ; ce qui exige que la quantité sous le signe $\int$ soit la différentielle de cette fonction. Si on prend pour variables indépendantes t et v, la quantité sous le signe $\int$ sera de la forme

$$A dt + B dv,$$

qui devra être une différentielle exacte.

En général, si l'état du corps soumis à la transformation est déterminé par les deux variables indépendantes x et y, la quantité sous le signe $\int$ sera

$$P dx + Q dy.$$

On aura
$$\int_{x_0 y_0}^{x_1 y_1} (P dx + Q \, dy) = f(x_1, y_1)$$

et $P dx + Q dy$ sera une différentielle exacte. La condition nécessaire pour que

$$P dx + Q dy = df(x, y)$$

est que
$$\frac{dP}{dy} = \frac{dQ}{dx}.$$

En effet, on a $\qquad df(x,y) = \dfrac{df}{dx}\,dx + \dfrac{df}{dy}\,dy$

d'où $\qquad\qquad \mathrm{P} = \dfrac{df}{dx} \qquad\qquad \mathrm{Q} = \dfrac{df}{dy}.$

Différentions une seconde fois :

$$\frac{d\mathrm{P}}{dy} = \frac{d^2f}{dx.dy} \qquad \text{et} \qquad \frac{d\mathrm{Q}}{dx} = \frac{d^2f}{dy.dx}$$

donc $\qquad\qquad\qquad \dfrac{d\mathrm{P}}{dy} = \dfrac{d\mathrm{Q}}{dx}.$

Cette condition pourrait n'être pas suffisante, mais comme elle est nécessaire, on aura le droit de l'écrire (1).

Travail intérieur. — D'après le principe de l'équivalence, la quantité $\mathrm{E}d\mathrm{Q} - d\mathfrak{X}$ est une différentielle exacte. Mais les

---

(1) Dans l'analyse qui précède, nous avons dit que, lorsqu'une intégrale ne dépend que des limites des variables qu'elle contient, c'est une véritable fonction. Il est facile de vérifier qu'une fonction de deux variables

$$\mathrm{P}dx + \mathrm{Q}dy$$

n'est pas une différentielle exacte quand l'intégrale $\displaystyle\int_{x_0 y_0}^{x_1 y_1} (\mathrm{P}dx + \mathrm{Q}dy)$ dépend des valeurs intermédiaires de x et de y.

Soit par exemple $\displaystyle\int ydx.$ — La quantité ydx est de la forme $\mathrm{P}dx + \mathrm{Q}dy$.

L'intégrale $\displaystyle\int_{x_0 y_0}^{x_1 y_1} ydx$ représente l'aire AA'B'B, et dépend essentiellement de la forme de la courbe entre A et B ; on vérifie facilement que la condition d'intégrabilité $\dfrac{d\mathrm{P}}{dy} = \dfrac{d\mathrm{Q}}{dx}$ n'est pas satisfaite.

Il en est de même pour l'intégrale $\displaystyle\int_{x_0 y_0}^{x_1 y_1} (xdy)$ qui représente l'aire AA"B"B. La différence de ces deux intégrales $\displaystyle\int_{x_0 y_0}^{x_1 y_1} (ydx - xdy)$ repré-

deux parties de cette somme ne sont pas pour cela des différentielles exactes ; $d\mathfrak{C}$ ne dépend pas uniquement de l'état
initial et de l'état final, mais aussi des états intermédiaires. De
même dQ n'est pas une différentielle exacte. Posons

$$dU = EdQ - d\mathfrak{C}.$$

La différentielle dU est ordinairement appelée *travail intérieur*.

On a en effet $\qquad EQ - \mathfrak{C} = U$

d'où $\qquad EQ = \mathfrak{C} + U.$

Un corps absorbant une quantité de travail correspondant à
EQ. on recueille une quantité de travail $\mathfrak{C} < EQ$; il faut donc
ajouter à ce travail recueilli un terme complémentaire U pour
avoir l'équivalent de la chaleur dépensée. Considérons U
comme un travail : c'est un travail qu'on peut supposer dé-

sente la différence des aires AA'B'B et AA"B"B ; sa valeur dépend de la courbe
intermédiaire. La condition $\dfrac{dP}{dy} = \dfrac{dQ}{dx}$ n'est pas vérifiée.

La somme $\displaystyle\int_{x_0 y_0}^{x_1 y_1} (y\,dx + x\,dy)$ représente l'aire totale A'AA"B"BB' indé-

pendante de la forme de la courbe AB ; la
condition d'intégrabilité est d'ailleurs satisfaite.

Ainsi, écrire la condition d'intégrabilité, c'est simplement écrire la condition
nécessaire pour que l'intégrale ne soit
fonction que de ses limites.

Pour plus de généralité, se reporter
au cours d'analyse de M. Picard (1886-

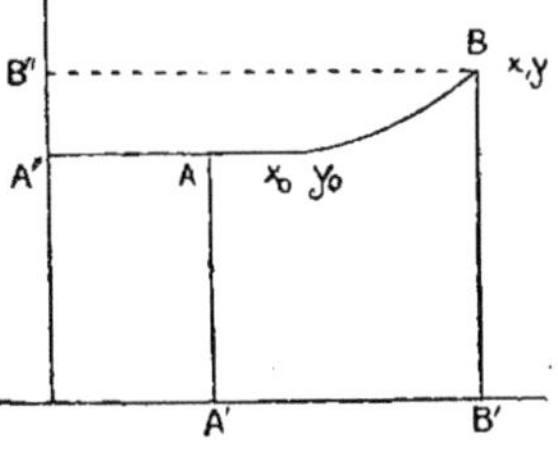

1887), publié par l'Association amicale des élèves et anciens élèves de
la Faculté des sciences de Paris, page 129.

pensé dans l'intérieur du corps pour produire son changement d'état. — On pourrait aussi bien regarder U comme une chaleur latente.

Expression générale du principe de l'équivalence. — En général, dU sera fonction de deux variables indépendantes x et y, de sorte que l'on pourra poser

$$dU = P dx + Q dy$$

et le principe de l'équivalence sera exprimé par la condition

$$\frac{dP}{dy} = \frac{dQ}{dx}.$$

Mais il peut arriver que le nombre des variables dont dépend U soit beaucoup plus grand. Soit, par exemple, un fil métallique ; son état dépend de sa température, de sa flexion, de sa torsion, en général de variables de nature mécanique ou même électrique. La quantité dU dépendant des variables indépendantes x, y, z, on peut poser

$$dU = P dx + Q dy + R dz + \ldots$$

Cette expression est encore une différentielle exacte. En effet, pour un cycle fermé, $EQ - \tau$ est une fonction algébrique, c'est-à-dire ne dépend que de l'état initial et de l'état final ; donc $E dQ - d\tau$ est différentielle exacte. Le principe de l'équivalence s'exprime alors par un système d'équations

$$\frac{dP}{dy} = \frac{dQ}{dx}, \qquad \frac{dP}{dz} = \frac{dR}{dx}, \qquad \frac{dQ}{dz} = \frac{dR}{dy}, \ldots$$

Applications du principe de l'équivalence. — I. Soit

un kilogramme d'un corps quelconque dont on fait varier le volume et la température en lui faisant parcourir un cycle fermé. Formons l'expression $E dQ - d\mathfrak{T}$. On a

$$dQ = cdt + ldv$$

c étant la chaleur spécifique à volume constant, l la chaleur latente de dilatation du corps (quantité de chaleur absorbée par le corps pour que son volume varie d'une quantité égale à l'unité, à température constante) ;

de plus $\qquad\qquad d\mathfrak{T} = pdv,$

donc $\qquad dU = E\,(cdt + ldv) - pdv$

$$dU = E\,cdt + (El - p)dv.$$

La condition d'intégrabilité est

$$\frac{d(Ec)}{dv} = \frac{d(El - p)}{dt}$$

ou $\quad E\dfrac{dc}{dv} = E\dfrac{dl}{dt} - \dfrac{dp}{dt},\qquad$ ou $\quad \dfrac{dp}{dt} = E\left(\dfrac{dl}{dt} - \dfrac{dc}{dv}\right).$

Cette équation est la traduction du principe de l'équivalence.

II. — Soit un fil susceptible de s'allonger sous l'influence d'un poids ; soient t sa température, x sa longueur ; sa tension est produite par un certain poids π ; supposons que le poids du fil soit égal à l'unité. La chaleur absorbée par le fil, lorsque sa température varie de dt et sa longueur de dx, est

$$dQ = cdt + \lambda\,dx$$

c étant la chaleur spécifique du fil à longueur constante, λ la chaleur absorbée par le fil lorsqu'il s'allonge de l'unité de longueur à température constante, ce qu'on pourrait appeler la chaleur latente d'allongement à température constante. Le travail est fourni par un poids π descendant d'une hauteur dx.

Donc
$$d\mathfrak{T} = \pi dx$$

en valeur absolue. Mais, pour que, dx représentant l'allongement, $d\mathfrak{T}$ soit le travail fourni par le fil, il faut prendre

$$d\mathfrak{T} = -\pi dx \; ;$$

on en déduit

$$dU = E\,(cdt + \lambda dx) + \pi dx$$

$$= E\,cdt + (E\lambda + \pi)dx$$

d'où la condition d'intégrabilité

$$E\,\frac{dc}{dx} = E\,\frac{d\lambda}{dt} + \frac{d\pi}{dt}.$$

VALEUR DE L'ÉQUIVALENT MÉCANIQUE DE LA CHALEUR DANS LES
DIFFÉRENTS SYSTÈMES D'UNITÉS

Jusqu'ici nous avons pris pour unités de travail et de quantité de chaleur le kilogrammètre et la calorie, mais on peut prendre d'autres unités. Notre analyse est indépendante de leur choix, mais les valeurs numériques de $\mathfrak{T}$ et Q et par suite celle de E varieront. Étudions avec un peu plus de détails les divers systèmes d'unités.

Système du kilogrammètre. — La *calorie* est la quantité de chaleur nécessaire pour élever de 0° à 1° centigrade la température de 1 kilogramme d'eau. La calorie dépend donc de la définition du degré centigrade, et on sait que la valeur de ce degré varie avec le choix du corps thermométrique ; elle n'est pas la même avec un thermomètre à mercure ou avec un thermomètre à air ; dans le cas où on adopte l'air comme corps thermométrique, il faut définir si on emploie l'air à pression constante ou à volume constant. Depuis Regnault le degré centigrade est donné par le thermomètre à air, à volume constant. L'intervalle de 100° est déterminé par la température de la glace fondante et de l'eau bouillante sous une pression de 76 centimètres de mercure à la latitude de 45° et au niveau de la mer ; la valeur de la pression correspondant à une même hauteur de mercure dépend, en effet, de l'intensité de la pesanteur ; l'air que contient le thermomètre doit avoir à 0° la pression initiale de 76 centimètres de mercure dans les mêmes conditions de latitude et d'altitude, car la dilatation de l'air n'est pas rigoureusement indépendante de la pression initiale.

Le *kilogrammètre* est le travail nécessaire pour élever la masse de 1 kilogramme de 1 mètre de haut dans un lieu déterminé. La force à vaincre varie en effet avec l'intensité de la pesanteur. Comme on le voit, ces unités dépendent du lieu de l'observation ; on a adopté un nouveau système d'unités qui ne présentent pas cet inconvénient, celui des unités absolues.

Système d'unités absolues C.G.S. — Dans ce système, l'unité de force est la *dyne;* c'est la force capable d'imprimer

une accélération de 1 centimètre par seconde à une masse de
1 gramme. Cette définition introduit les unités de longueur,
de masse et de temps : ce sont les grandeurs dites *fondamen-*
tales. L'unité de temps est la *seconde* sexagésimale de temps
moyen ; l'unité de longueur est le *centimètre* (c'est la 100° partie du mètre étalon déposé aux archives de Paris) ; l'unité de
masse est la masse du *gramme ;* c'est sensiblement la masse
d'un centimètre cube d'eau distillée à 4°. Rigoureusement
c'est la millième partie de la masse du morceau de platine
déposé aux archives de Paris sous le nom de kilogramme, lequel, à très peu près, a même masse qu'un décimètre cube
d'eau distillée prise à son maximum de densité. Le système
des unités absolues, qui a pour unités fondamentales le centimètre, le gramme et la seconde, est appelé par abréviation
système C.G.S. L'unité de travail du système C.G.S. est
l'*erg*. C'est le travail produit par une dyne lorsque le déplacement de son point d'application est de 1 centimètre dans
la direction de la force.

Il est facile d'ailleurs de passer du système du kilogrammètre au système C. G. S. Le poids du gramme à Paris est la
force qui donne à la masse du gramme une accélération de
980^{cm}8. Cette force est donc égale à 980 dynes, 8. Donc :

poids de 1^{gr} = 980, 8 dynes,

$$\text{d'où} \qquad 1 \text{ dyne} = \frac{\text{poids de 1 gramme}}{980,8}$$

ou, en général, dans un milieu où l'accélération de la pesanteur est g,

$$1 \text{ dyne} = \frac{\text{poids de 1 gramme}}{g \text{ (en centimètres)}}.$$

De même 1 kilogrammètre est le travail nécessaire pour soulever 1 kilogramme de 1 mètre. Or

$$1 \text{ kilogr.} = 1000^g. = 980800 \text{ dynes}$$

$$1 \text{ mètre} = 100 \text{ centimètres.}$$

Donc le kilogrammètre correspond au travail nécessaire pour déplacer 980800 dynes de 100 centimètres. Sa valeur en ergs est donc

$$980800 \times 100 = 98080000 = 9,808 \times 10^7.$$

Unité absolue de chaleur. Thermie. — L'unité de chaleur adoptée est la grande calorie ; c'est la quantité de chaleur nécessaire pour élever de 0° à 1° centigrade la température de 1 kilogramme d'eau. Cette unité est commode pour les expériences calorimétriques, mais on peut la remplacer par une autre unité absolue dont l'usage est plus avantageux en Thermodynamique. C'est la quantité de chaleur qui est l'équivalent de l'unité de travail. Cette unité peut être désignée sous le nom de *thermie*. Si l'unité de travail est le kilogrammètre, la thermie est l'équivalent du kilogrammètre ; si l'unité de travail est l'erg, la thermie est l'équivalent de l'erg.

L'introduction de cette unité présente de grands avantages. Elle dispense de passer par la définition du degré centigrade ; sa définition est indépendante de toute convention arbitraire.

De plus, en adoptant comme unité la thermie, les équations d'équivalence deviennent plus simples. Par exemple, au lieu de $EQ = \tau$, on a $Q = \tau$; la formule trouvée dans le cas de la machine à vapeur, $\tau = E (Q - Q')$, devient $\tau = Q - Q'$.

On passe facilement du système de la calorie au système de

la thermie ; il suffit de diviser toutes les quantités de chaleur par E. Pour passer du système de la thermie au système de la calorie, il faut au contraire multiplier toutes les quantités de chaleur par E.

Valeur de l'équivalent mécanique dans le système C.G.S. — L'équivalent mécanique est le quotient d'un travail τ par une quantité de chaleur Q. On a obtenu

$$425 = \frac{\tau \text{ (kilogrammètres)}}{Q \text{ (grandes calories)}}.$$

Or τ kilogrammètres $= \tau \times 9.808 \times 10^7$ ergs.

Q calories $\qquad = Q \times 1.000 = Q \times 10^3$.

Donc, la valeur de l'équivalent mécanique en C G.S. est :

$$E = \frac{\tau \times 9.808 \times 10^7}{Q \times 10^3} = 425 \times 9.808 \times 10^4$$

ou $\qquad E = 4.168 \times 10^7$.

PRINCIPE DE CARNOT

Le principe de l'équivalence nous a donné une relation entre les quantités de chaleur mises en jeu et le travail produit : le principe de Carnot va nous donner une relation entre les températures et le travail.

Carnot y a été amené en 1824, en étudiant les conditions d'économie des machines thermiques (1). Peut-on avec avantage remplacer l'eau par l'air, l'acide sulfureux, l'air à poudre de lycopode qu'on enflamme? Combien peut-on avoir de travail par kilogramme de charbon, ou mieux, que peut-on récolter de travail par calorie? Ce sera la puissance motrice de la machine.

Supposons la machine parfaite, supprimons les frottements, perfectionnons la détente; deux questions se posent alors relativement à la puissance motrice :

1° Quelles sont les conditions de son maximum?

2° Quelle est la valeur du maximum?

Carnot a commencé par résoudre ces deux questions.

Condition nécessaire pour qu'une machine thermique fonctionne. — Ce qui a frappé Carnot, c'est que dans toute machine thermique, c'est-à-dire dans toute ma-

____

(1) Sadi Carnot, *Réflexions sur la puissance motrice du feu et sur les machines propres à développer cette puissance*. Paris, 1824.

chine transformant de la chaleur en travail, il fallait une différence de température, ou plutôt, une chute de chaleur. Ainsi, dans toute machine à vapeur, la chaudière et le condenseur sont à des températures différentes.

Cette remarque de Carnot est applicable à toute espèce de machine thermique. Si l'on place dans le circuit d'une pile thermoélectrique une machine Gramme, ou mieux, un moteur électrique, ce dernier n'entrera en mouvement qu'autant que les deux soudures de la pile seront portées à des températures différentes. Il n'y aura de travail possible qu'à partir du moment où la remarque de Carnot sera satisfaite (1).

On peut énoncer le principe de Carnot en disant :

Dans toute machine thermique, il y a chute de température ; il n'y a pas transformation de chaleur en travail sans l'emploi de deux sources à des températures différentes.

On constate cette chute de température dans toutes les machines thermiques connues. On admettra comme principe qu'elle existera de même dans toutes les machines qu'on pourra inventer.

L'énoncé du principe de Carnot qui vient d'être donné est en quelque sorte qualitatif. Pour le mettre en équation, il faut considérer ce que l'on appelle le *rendement*, définir avec Carnot la condition qui rend ce rendement *maximum*, et les cycles dits *réversibles* qui permettent de le réaliser.

---

(1) La loi des tensions de Volta n'est, à ce point de vue, qu'un cas particulier du principe de Carnot. Considérons en effet un circuit fermé composé de fils de métaux différents soudés bout à bout ; d'après Carnot, il n'y aura aucun travail possible tant qu'il n'y aura pas de différence de température dans le système, ce qui revient à dire ce que pensait Volta : la somme des forces électromotrices de contact est nulle dans le circuit si la température est la même partout.

RENDEMENT D'UNE MACHINE THERMIQUE

Définition du rendement. — Cherchons à énoncer quantitativement le principe de Carnot, c'est-à-dire à en donner une expression analytique. Pour cela, nous considérerons le rendement de la machine. C'est le rapport du travail produit τ, à la quantité de chaleur Q fournie par la source chaude. $\dfrac{\tau}{Q}$ est l'expression du rendement. Ce rapport mesure l'économie d'une machine thermique.

Maximum de rendement. — Il est d'abord évident que le rendement d'une machine n'a pas de minimum, car on peut rendre les frottements assez considérables pour arrêter la machine ; on peut, dans une machine à vapeur, percer un trou par où la vapeur s'échappera sans faire fonctionner le piston. Le rendement n'aura donc pas de minimum.

Mais on ne pourra pas faire croître ce rendement au delà de toute limite ; car, dans une machine donnée, la source de chaleur ne pourra fournir qu'une quantité de chaleur limitée, et par suite, la machine ne pourra produire qu'un travail limité en vertu du principe de l'équivalence. Le rendement d'une machine présente donc un maximum.

Ce maximum sera d'autant moins grand que les frottements seront plus considérables, que l'obturation sera moins parfaite, et enfin qu'il y aura plus de chaleur perdue par rayonnement ou conductibilité. Dans la pratique, on ne peut pas réaliser de machine thermique où le frottement soit nul, l'obturation complète et les pertes de chaleur nulles. C'est un cas limite que l'on peut cependant supposer réalisé.

Plaçons-nous donc dans ce cas et cherchons en particulier les conditions de rendement maximum d'une machine à vapeur ; ce que l'on en dira s'appliquera à toutes les machines thermiques.

CONDITIONS DU RENDEMENT MAXIMUM

Les conditions mécaniques et thermiques du rendement maximum sont infiniment voisines des conditions d'équilibre. — Pour que le travail utile τ soit le plus grand possible, il faut rendre aussi grand que possible le travail positif fourni par le corps, et aussi petit que possible le travail négatif nécessaire pour ramener le corps qui travaille à son état initial.

Pour que le travail positif soit aussi grand que possible, il faut que la résistance opposée à la force motrice développée par le corps soit, à chaque instant, la plus grande possible, c'est-à-dire qu'elle lui soit égale à un infiniment petit près. (Elle ne peut évidemment être plus grande, car alors elle ne pourrait être vaincue, et elle ne doit pas être plus petite, car on n'utiliserait pas toute la force disponible.) On est donc infiniment près de l'équilibre mécanique.

C'est ainsi que, dans une machine à vapeur, il faut que la pression dans le corps de pompe soit d'abord égale à la pression dans la chaudière, ce qui implique une vitesse infiniment petite du piston ; puis, que la détente soit complète, c'est-à-

dire que la pression finale dans le corps de pompe soit égale
à celle qui règne dans le condenseur.

Pour que le travail négatif nécessaire pour ramener le
corps à son état initial soit aussi petit que possible, il faut
que la force employée à cet effet soit aussi petite que possible,
c'est-à-dire infiniment peu supérieure à la pression opposée
par le corps. (Car, si elle était plus petite, elle ne pourrait
pas agir sur le corps, et si elle était plus grande, le travail
négatif serait trop grand.)

Donc, les conditions *mécaniques* à réaliser tout le long
du cycle sont infiniment voisines des conditions d'équilibre.

Pareillement, si l'on cherche les conditions *thermiques* du
rendement maximum, on arrive à la même conclusion. En
effet, soit un corps qui parcourt un cycle fermé; on l'échauffe
au contact d'un corps chaud A, on le refroidit au contact d'un
corps froid B. Dans l'intervalle, il est en contact avec des
corps à différentes températures. Il faudra, pour le rendement
maximum, que le corps C qui transforme de la chaleur en
travail *ne soit jamais en contact avec des corps à température différente de la sienne.*

Car, soit C en contact avec un corps A à température différente de la sienne; entre C et A on peut intercaler une machine
thermique supplémentaire qui produit un certain travail; de
sorte qu'on peut accroître le travail; donc on n'a pas le rendement maximun. Donc on n'aura le rendement maximum
que s'il n'y a jamais différence de température entre les corps
qu'on met en présence.

Or, il n'y a pas de machine thermique sans chute de chaleur,
comment alors se feront les déplacements de chaleur?

On peut faire passer de la chaleur d'un corps à un autre

sans qu'il y ait de différence de température appréciable, et cela au moyen de déformations mécaniques infiniment lentes : compression, décompression, torsion.... Dans les machines thermiques, on doit donc être infiniment près de l'égalité de température qui réalise l'état d'équilibre.

En résumé, *les conditions mécaniques et thermiques du rendement maximum sont infiniment voisines des conditions de l'équilibre.*

Les conditions du rendement maximum sont les conditions de réversibilité. — Dès lors, il suffira d'un infiniment petit pour renverser le phénomène ; par une variation infiniment petite de la pression, la machine ira dans un sens ou dans l'autre. Le maximum de rendement ne s'obtiendra donc que par une succession de phénomènes tous réversibles ; inversement, si la machine est réversible, les conditions du maximum de rendement sont satisfaites : *le rendement est maximum quand le cycle est réversible en son entier.*

Le rendement maximum est donc obtenu seulement avec des machines réversibles ; de là vient l'importance de l'étude de ces machines.

Il est à remarquer que, pour que la série des transformations soit réversible, il faut que le mouvement soit infiniment lent et que les conditions de ce mouvement soient très près des conditions d'équilibre. Donc, une machine parfaite fournissant le rendement maximum ne produit du travail qu'avec une lenteur infinie. On retrouvera ce fait dans l'étude des moteurs électriques.

EMPLOI DES CYCLES RÉVERSIBLES.

Considérons une machine thermique réversible fonctionnant suivant un cycle figuré au moyen de la représentation
de Clapeyron.

Supposons que tout le
long de la courbe les conditions de réversibilité
soient remplies, car on ne
peut dire à l'inspection de
la courbe si le cycle est
réversible ou non. En
effet, une même courbe

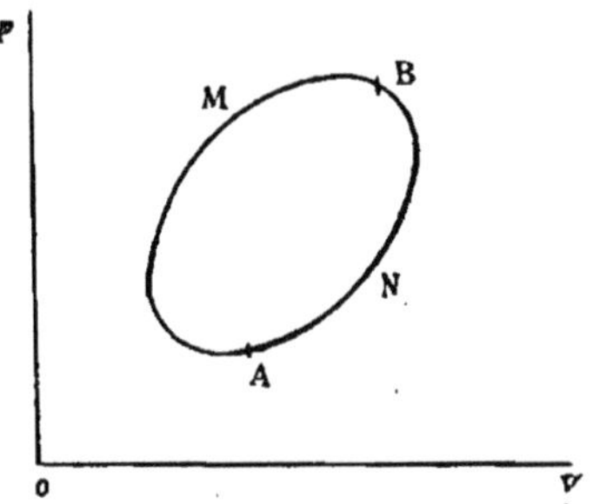

fermée, de forme quelconque, représente un cycle réversible
ou non réversible, suivant que l'on suppose que les conditions
relatives à la pression et à la température extérieures sont ou
ne sont pas réalisées.

Cycle de Carnot. — Prenons un cas particulier, un cycle
de Carnot. Il est formé de courbes dites *isothermes* et *adiabatiques*.

Isothermes. — Soient p, v, t la pression, le volume et la
température du corps qui travaille, reliés par la relation
$f(p, v, t_1) = 0$. Si on laisse t constant, $t = t_1$, et si on
fait varier le volume, la pression est déterminée et varie en
même temps que le volume. Le point figuratif de l'état du

corps décrit une isotherme. Si $t = t_2 = C^{te}$, on a une isotherme distincte de la première. A chaque température correspond une isotherme particulière.

Adiabatiques. — On peut faire varier le volume en isolant le corps au point de vue thermique, de manière qu'il ne prenne ni ne cède de chaleur au milieu ambiant ; pour se refroidir, par exemple, il doit se prendre de la chaleur à lui-même en se décomprimant ; alors la température varie nécessairement avec le volume et la pression. La courbe décrite par le point figuratif est une ligne adiabatique. La forme et la position de la courbe adiabatique dépendent de l'état initial du corps.

Sur la figure, les adiabatiques sont représentées en traits ponctués, les isothermes en traits pleins.

Le cycle de Carnot se compose des deux isothermes AB, CD et des deux adiabatiques BC, DA, formant un quadrilatère curviligne dont les côtés opposés sont des lignes de même nature.

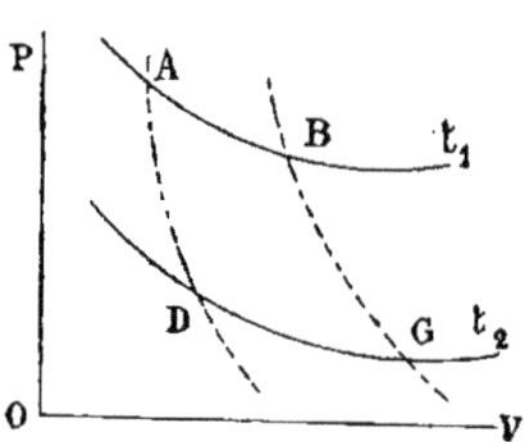

De A en B, la température reste constante et égale à t_1, le corps de transformation se décomprime sous l'action de la source chaude qui lui fournit de la chaleur pour le maintenir à une température constante. En B, le contact avec la source chaude cesse ; de B en C, la température s'abaisse et le corps se décomprime sans emprunter de chaleur au milieu ambiant. En C, il prend contact avec la source froide, et sa température devient t_2.

De C en D, le corps reste en contact avec la source froide, et il lui cède de la chaleur à température constante, en diminuant de volume.

Enfin, de D en A, le corps suit une adiabatique qui le ramène à son état initial.

Le corps a donc parcouru un cycle fermé, qui de plus est nécessairement réversible puisque les conditions de réver-sibilité y sont satisfaites.

Le travail produit est représenté par l'aire $\int p\,dv$ comprise à l'intérieur du quadrilatère curviligne ABCD.

Pendant son contact avec le corps à température t_1 le corps de transformation a pris une quantité de chaleur Q_1 ; de B en C et de D en A, il n'y a eu ni cession ni emprunt de chaleur aux corps ambiants ; de C en D, le corps a cédé à la source froide une quantité de chaleur Q_2.

Q_1 et Q_2 sont exprimés en thermies.

La quantité de chaleur absorbée par le corps est donc $Q_1 - Q_2$, et le principe de l'équivalence donne alors la relation :

$$\tau = Q_1 - Q_2$$

Comme $\tau > 0$, il en résulte $Q_1 > Q_2$. On peut donc consi-dérer la quantité Q_1 prise au corps chaud comme composée de deux termes : $Q_1 - Q_2$ qui est transformé en travail, et Q_2 qui est transporté simplement du corps chaud au corps froid et qui constitue la chute de chaleur.

Corollaire du principe de Carnot. — *Le rendement maximum ne dépend que des températures limites entre lesquelles la machine fonctionne.*

Cherchons à traduire ce principe général qu'on ne peut avoir de machine thermique sans une chute de chaleur de la source chaude à la source froide ; nous aurons le corollaire suivant :

Le rapport $\dfrac{Q_2}{Q_1}$ est le même pour toutes les machines réversibles.

En effet, supposons qu'il n'en soit pas ainsi, qu'on ait deux machines réversibles empruntant toutes deux une quantité de chaleur Q_1 à la même source chaude, mais restituant l'une Q_2, l'autre Q'_2 à la source froide. Supposons $Q'_2 > Q_2$, alors

$$Q_1 - Q_2 > Q_1 - Q'_2,$$

c'est-à-dire que le travail $\mathcal{C} = Q_1 - Q_2$ de la première machine est supérieur au travail $\mathcal{C}' = Q_1 - Q'_2$ de la seconde. Les machines étant réversibles, on pourra renverser le fonctionnement de la seconde et lui faire ainsi transformer du travail en chaleur. Elle empruntera à la source froide une quantité de chaleur Q'_2 et, en dépensant un travail $\mathcal{C}'$, produira une quantité de chaleur $Q_1 - Q'_2$ et cédera finalement à la source chaude Q_1. Supposons que les deux machines soient rendues solidaires, de manière que le travail $\mathcal{C}'$ qui doit être transformé en chaleur par la seconde, soit fourni par la première. L'ensemble des deux machines formera lui-même une machine thermique qui produira un travail $\mathcal{C} - \mathcal{C}'$ positif.

Le corps chaud cède une quantité de chaleur égale à celle qu'il reçoit; quant au corps froid, il a reçu Q_2 et restitué Q'_2, donc il a fourni $Q'_2 - Q_2$. On aurait ainsi une machine thermique qui produirait du travail sans qu'on ait besoin de chauffer aucune de ses parties; toute la chaleur mise en jeu serait prise au milieu extérieur. Or, on admet en principe qu'une machine ne peut fonctionner sans chute de chaleur. Donc notre hypothèse est inadmissible. Par suite, $Q_2 = Q'_2$ et $\mathcal{C} = \mathcal{C}'$.

Ainsi, quelle que soit la nature du corps soumis à la transformation, si cette transformation est réversible, pour des quantités égales de chaleur prises à la source chaude, la quantité de chaleur rendue à la source froide est la même. En d'autres termes, le rapport de la chaleur restituée à la source froide à la chaleur empruntée à la source chaude est constant.

Coefficient de perte. — Le rapport $\dfrac{Q_2}{Q_1}$ est appelé le coefficient de perte ou la perte de la machine. Il est indépendant de la nature de la machine; il ne dépend donc que des températures entre lesquelles elle fonctionne. Donc :

La perte est la même pour toutes les machines thermiques réversibles qui fonctionnent entre les mêmes limites de température.

On peut encore énoncer ce théorème sous une autre forme. Le rendement de la machine est $\dfrac{Q_1 - Q_2}{Q_1} = 1 - \dfrac{Q_2}{Q_1}$; or $\dfrac{Q_2}{Q_1}$ est la perte. Donc :

Le rendement maximum dans une machine réversible est indépendant de la nature du corps qui effectue la transformation de la chaleur en travail.

C'est le résultat que Sadi Carnot énonçait dans les termes suivants :

« Le maximum de puissance motrice résultant de l'emploi « de la vapeur est aussi le maximum de puissance motrice « réalisable par quelque moyen que ce soit. »

En établissant ce théorème, Carnot a arrêté dans leurs recherches ceux qui pensaient trouver le moyen d'obtenir un rendement indéfiniment croissant.

Comparaison des moteurs thermiques avec les mo-

teurs hydrauliques. — Carnot avait été conduit aux conclusions précédentes en comparant les moteurs thermiques
aux moteurs hydrauliques. Ces derniers ne peuvent produire
de travail sans chute d'eau, comme les premiers sans chute de
chaleur. Ceci étant, à quelle condition un kilogramme d'eau,
tombant d'un niveau supérieur A à un niveau inférieur B,
produira-t-il le rendement maximum ? — Il faut évidemment
que l'eau soit conduite de A en B, sans cesser de travailler.
Il faut, pour que toute la force motrice soit utilisée, qu'elle
soit équilibrée par une force résistante qui en diffère infiniment peu. Le rendement maximum est donc obtenu quand les
conditions d'équilibre mécanique sont satisfaites. De même
que pour la chaleur, ces conditions sont aussi celles qui
correspondent à la réversibilité. Enfin, le rendement maximum
par kilogramme d'eau dépensé entre deux réservoirs donnés
est indépendant de la construction de la machine, comme
dans les machines thermiques réversibles, où $\dfrac{Q_1 - Q_2}{Q_1}$ est
constant quel que soit le corps qui transforme de la chaleur
en travail.

TEMPÉRATURES ABSOLUES

Carnot a poussé plus loin l'analogie entre les moteurs hydrauliques et les moteurs thermiques.

Dans les problèmes d'hydraulique, la différence de niveau
entre deux points est fonction du travail fourni par une masse
déterminée du corps allant d'un de ces points à l'autre. Donc, en
mesurant le travail on pourra en déduire la différence de
niveau.

De même, pour la chaleur, on pourra mesurer une différence de température par le travail d'une calorie qui passe d'une source chaude à une source froide. On a ainsi des intervalles de température absolus et des *températures absolues* puisqu'elles ne dépendent pas de la nature du corps employé.

Echelles thermométriques arbitraires. — Il n'en est pas ainsi, au contraire, pour les échelles de températures généralement employées et qui sont arbitraires. Pour former des échelles thermométriques, on peut se servir d'un phénomène quelconque dû à l'action de la chaleur : dilatation des liquides (thermomètres à mercure ou à alcool) ou des solides (pyromètres), variation de force élastique d'un gaz à volume constant (thermomètre normal), etc., etc. — Ainsi, M. Pictet a employé, comme thermomètre pour les basses températures, un appareil donnant les températures au moyen des forces élastiques maxima de la vapeur d'acide sulfureux.

Une infinité d'autres phénomènes peuvent être utilisés pour définir les températures (dissociation, phénomènes thermo-électriques, etc.).

De plus, le phénomène une fois choisi, on pourra prendre une infinité de corps comme corps thermométriques.

Il y a donc une double infinité d'échelles arbitraires de températures, puisqu'on peut faire varier :

1° la nature du corps thermométrique,

2° le phénomène calorifique servant de base à la mesure.

Les températures ne peuvent être que repérées. — Mais, quelque soit le corps thermométrique adopté, on ne mesure pas les températures; on les repère, on les échelonne. Les températures, en effet, ne sont pas des grandeurs physiques comme les longueurs, les surfaces, les poids, les résistances électriques, les forces électromotrices, etc. Les véritables grandeurs sont susceptibles d'addition.

On peut définir deux longueurs égales; puis, les mettant
bout à bout, on a une longueur double. De même, pour les
résistances électriques en mettant bout à bout deux fils présentant la même résistance, on a un conducteur d'une résistance double. Il n'en est pas ainsi pour les températures.
On ne peut prendre deux températures égales, les mettre bout
à bout et en faire des multiples ; les intervalles de 0° à 1°, de
1° à 2°, etc., ne sont pas comparables par superposition et ne
sont pas susceptibles d'addition avec eux-mêmes.

On ne peut donc pas donner une mesure d'un intervalle de
température, mais on peut établir une échelle de températures
en choisissant arbitrairement un phénomène et un corps
thermométrique.

**Températures absolues. Définition d'un intervalle
de températures.** — Dans le système des températures absolues, on a un repérage arbitraire, mais moins arbitraire que
tout autre. Le choix du phénomène produit par l'action de la
chaleur (rendement en travail) est arbitraire ; mais ce choix
une fois fait, d'après le corollaire du principe de Carnot, on
voit que la nature du corps thermométrique pourra être celle
qu'on voudra.

C'est à Carnot que revient l'honneur d'avoir eu le premier
l'idée d'une échelle de températures absolues.

Soient donc deux températures, que nous désignerons par
les symboles I et II, pour ne rien préjuger relativement à
l'échelle thermométrique. Considérons une machine ther-

mique réversible fonctionnant entre I et II. Elle prendra à la source chaude Q_1 et restituera Q_2 à la source froide ; on sait que le rapport $\dfrac{Q_1}{Q_2}$ est constant. Quel que soit le corps qui travaille, $\dfrac{Q_1}{Q_2}$ ne dépend que des températures extrêmes. On peut donc prendre ce rapport comme caractéristique de l'intervalle des températures I et II, de même qu'en acoustique on représente les intervalles musicaux par des rapports.

La série des intervalles de température est unique. — Soit maintenant une suite de températures

$$\text{I,}\quad \text{II,}\quad \text{III,}\quad \text{IV,}\quad \text{V,}....$$
$$\text{et}\qquad Q_1,\ Q_2,\ Q_3,\ Q_4,\ Q_5,....$$

les quantités de chaleur mises en jeu par une machine thermique fonctionnant entre I et II, entre I et III, entre I et IV, etc....

Dans ces conditions, les rapports $\dfrac{Q_1}{Q_2}$, $\dfrac{Q_1}{Q_3}$, $\dfrac{Q_1}{Q_4}$.... sont caractéristiques des intervalles de température correspondants.

Quelle que soit la température I choisie pour servir de point de départ, la série d'intervalles de température définie par les rapports $\dfrac{Q_1}{Q_2}$, $\dfrac{Q_1}{Q_3}$, $\dfrac{Q_1}{Q_4}$.... est unique ; en d'autres termes, l'intervalle de température de II à IV, par exemple, sera encore défini par le rapport $\dfrac{Q_2}{Q_4}$,

En effet, supposons qu'il n'en soit plus ainsi, et que ce rapport soit $\dfrac{Q_2}{x}$; cela revient à dire qu'une machine réversible fonctionnant entre II et IV et empruntant Q_2 à la source chaude et restituera x à la source froide. Imaginons qu'une première machine fonctionne entre I et II ; on pourra associer ces deux machines de manière que celle qui fonctionne entre II et IV reprenne à la source froide de la première précisément la chaleur Q_2 que celle-ci lui apporte. Ces deux machines constitueront encore un système réversible qui caractérisera l'intervalle de I à IV par le rapport $\dfrac{Q_1}{Q_4}$. Or, cet intervalle est également caractérisé par le produit $\dfrac{Q_1}{Q_2} \times \dfrac{Q_2}{x}$, car le coefficient de perte d'un système de deux machines est évidemment le produit des coefficients de perte de chacune d'elles (1). Donc,

$$\frac{Q_1}{Q_4} = \frac{Q_1}{Q_2} \times \frac{Q_2}{x} = \frac{Q_1}{x}$$

(1) Soient $\dfrac{p}{q}$ et $\dfrac{p'}{q'}$ les coefficients de perte de ces deux machines. Si Q est la quantité de chaleur empruntée par la première à sa source chaude et Q' la quantité de chaleur restituée par la seconde à sa source froide, le coefficient de perte de la machine totale est $\dfrac{Q'}{Q}$; et l'on a :

$$\frac{Q'}{Q} = \frac{p}{q} \times \frac{p'}{q'}.$$

En effet, la quantité de chaleur restituée par la première à sa source froide est $Q\,\dfrac{p}{q}$, par définition du coefficient de perte. Or, d'après la manière dont les machines sont associées, $Q\,\dfrac{p}{q}$ est précisément la quantité de chaleur empruntée par la seconde à sa source chaude ; donc, la quantité de chaleur Q qu'elle restitue à sa source froide, est :

$$Q' = Q \cdot \frac{p}{q} \cdot \frac{p'}{q'},$$

d'où

$$\frac{Q'}{Q} = \frac{p}{q} \cdot \frac{p'}{q'}. \qquad \text{C. Q. F. D.}$$

d'où $x = Q_4$. La série des intervalles de température est donc unique.

Fixation de l'échelle absolue. — Ce qui est déterminé dans la série Q_1, Q_2, Q_3..., c'est le rapport d'un terme à un autre ; la série restera donc la même si on multiplie chacun de ses termes par un même nombre. Pour achever de la déterminer, on peut procéder comme on l'a fait pour la fixation des équivalents chimiques.

On donne à l'un des termes de la série une valeur numérique arbitrairement choisie ; les autres termes seront alors déterminés d'eux-mêmes.

On peut encore se donner une relation arbitraire entre deux termes de la série, par exemple les astreindre à présenter une différence donnée.

On aura ainsi une échelle de températures dites absolues. Les températures absolues seront donc des nombres tels que le rapport de deux quelconques d'entre eux soit égal au coefficient de perte d'une machine thermique réversible qui fonctionne entre ces températures.

Application. — Supposons que l'on choisisse arbitrairement la température d'ébullition du cadmium et qu'on la représente par le nombre 1000, on aura pour caractériser les diverses températures d'ébullition sous la pression de $760^{m}/^{m}$ la série suivante :

température d'ébullition du cadmium 1000
    »   »   de l'acide sulfurique . . . 538
    »   »   de l'eau 335
    »   de la fusion de la glace 245

Ces nombres signifient que si l'on fait fonctionner une machine thermique réversible entre la température d'ébullition de l'eau et celle du cadmium, le coefficient de perte sera $\frac{335}{1000}$, c'est-à-dire qu'on rendra au réfrigérant les 335 millièmes de la chaleur prise à la chaudière.

Représentation graphique des températures absolues. — Traçons une série d'isothermes et d'adiabatiques ; elles se coupent en donnant des quadrilatères curvilignes qui ne sont autres que des cycles de Carnot. Si l'on considère les arcs des différentes isothermes comprises entre deux mêmes adiabatiques, les quantités de chaleur mises en jeu le long de ces arcs d'isothermes représentent précisément les températures absolues.

Théorème de Maurice Lévy. — On doit à M. Maurice Lévy un théorème curieux relativement aux figures obtenues comme on vient de le dire (1).

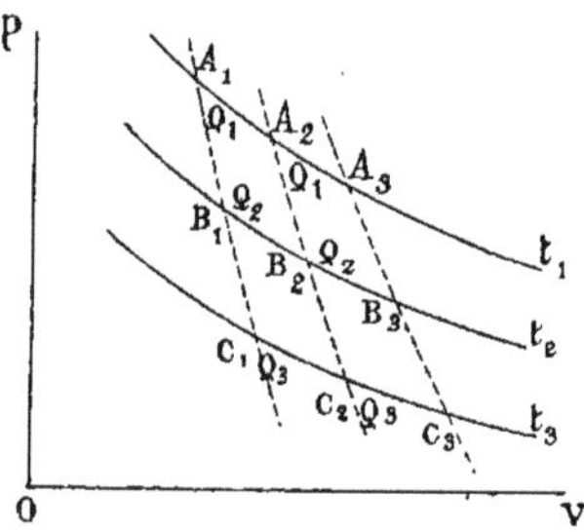

Si on espace convenablement les deux familles de courbes, isothermes et adiabatiques, tous les quadrilatères qu'elles découpent sont égaux en surface.

(1) Maurice Lévy. *Comptes rendus des séances de l'Académie des sciences.* Année 1877, t. LXXXIV, p. 442 et 491.

Considérons une première isotherme correspondant à une t empérature t_1 ; déterminons sur cette courbe des points A_1, A_2, A_3, etc., de manière qu'entre A_1 et A_2, entre A_2 et A_3, etc., les quantités de chaleur mises en jeu soient égales. Menons maintenant les adiabatiques $A_1B_1C_1$, $A_2B_2C_2$, $A_3B_3C_3$, etc., qui passent par les points A_1, A_2, A_3.

Nous pouvons prendre arbitrairement la deuxième isotherme $B_1 B_2 B_3$ par exemple de façon que $Q_1 - Q_2$ ait une valeur déterminée δ. Prenons de même la troisième isotherme $C_1C_2C_3$, de façon que $Q_2 - Q_3 = \delta$, etc... Alors les quadrilatères curvilignes compris entre deux mêmes adiabatiques, tels que $A_1B_1B_2A_2$, $B_1B_2C_2C_1$, etc., ont tous même aire.

En effet, l'aire d'un quelconque de ces quadrilatères mesure le travail produit par une machine fonctionnant suivant le cycle représenté par le périmètre du quadrilatère. Ce travail est proportionnel à $Q_1 - Q_2$ pour le quadrilatère compris entre les isothermes A et B, à $Q_2 - Q_3 = Q_1 - Q_2$ pour le quadrilatère compris entre les isothermes B et C, etc.; donc les travaux étant égaux, les aires sont équivalentes.

De plus les quadrilatères voisins $A_2A_3B_3B_2$, $B_2B_3C_3C_2$, etc., sont équivalents entre eux et aux précédents.

En effet si la quantité de chaleur mise en jeu le long de B_2B_3 est Q'_2, on a entre les mêmes isothermes

$$\frac{Q_1}{Q_2} = \frac{Q_1}{Q'_2},$$

d'où
$$Q'_2 = Q_2.$$

Par suite on voit que tous les quadrilatères de la figure ont des surfaces égales, comme proportionnelles à une même quantité $Q_1 - Q_2$.

DÉTERMINATION DES TEMPÉRATURES ABSOLUES

Il nous reste à chercher comment on pourra connaître les quantités de chaleur qui servent à évaluer les températures absolues. On peut les déterminer directement ou indirectement.

Méthode directe. — On pourrait employer une méthode directe en mesurant, comme M. Hirn, les quantités de chaleur fournies par la source chaude et cédées à la source froide Si la machine qui fonctionne est réversible on obtiendra des nombres proportionnels aux températures absolues. Malheureusement, M. Hirn n'a pas expérimenté sur une machine réversible et il est probable que de telles expériences ne pourront jamais être faites. Il est, en effet, difficile de mesurer exactement les quantités de chaleur à une température différente de la température ambiante ; une difficulté plus grande encore est de réaliser une machine vraiment réversible.

Toutefois, en admettant qu'on puisse réaliser ces conditions, on n'aurait que les valeurs numériques de certaines températures absolues. Il faudrait de plus pouvoir passer en général des températures arbitraires données par les thermomètres ordinaires aux températures absolues.

Il est donc préférable de chercher des relations donnant les températures absolues en fonction des températures arbitraires.

Méthode indirecte. — **Expression analytique de la définition des températures absolues.** — Cherchons d'abord l'expression analytique de la définition des températures absolues.

Soient Q_1, Q_2, Q_3, Q_4, les quantités de chaleur mises en jeu par une machine thermique fonctionnant entre les températures absolues θ_1, θ_2, θ_3, θ_4.

On a par définition $\dfrac{Q_1}{Q_2} = \dfrac{\theta_1}{\theta_2}$, $\quad \dfrac{Q_1}{Q_3} = \dfrac{\theta_1}{\theta_3}$ etc....

d'où

$$\frac{Q_1}{\theta_1} = \frac{Q_2}{\theta_2} = \frac{Q_3}{\theta_3} = ...$$

En d'autres termes, pour une machine fonctionnant entre θ_1 et θ_2, on a :

$$\frac{Q_1}{\theta_1} - \frac{Q_2}{\theta_2} = 0 \quad (1).$$

Cette équation, propre au cycle de Carnot, peut être remplacée par une équation différentielle due à Clausius, et applicable à tout cycle fermé réversible.

Théorème de Clausius. — $\displaystyle \int \frac{dQ}{\theta} = 0$ *le long d'un cycle fermé et réversible.* — Considérons un cycle réversible quel-

---

(1) Cette relation est analogue à celle que l'on obtient en chimie dans la détermination des équivalents. Soient E_1 et E_2 les équivalents de deux corps, P_1 et P_2, les poids de ces corps qui se combinent en proportion simple on a :

$$\frac{E_1}{E_2} = \frac{P_1}{P_2}, \qquad \text{ou} \qquad \frac{P_1}{E_1} = \frac{P_2}{E_2}.$$

conque fermé. Soit CD un élément infiniment petit de ce cycle.
Il correspond à une variation infiniment petite de l'état du

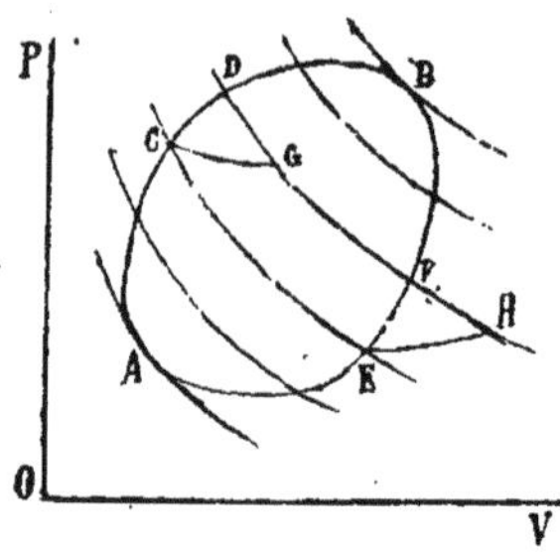

corps soumis à la transformation.
Soient dQ la quantité infiniment
petite de chaleur mise en jeu le
long de CD et θ la température
absolue de cet élément. Ceci
posé, le théorème de Clausius est
le suivant : l'intégrale $\int \frac{dQ}{\theta}$ relative au cycle fermé est nulle.

En effet, par les extrémités CD de chaque élément faisons
passer les adiabatiques CE et DF infiniment voisines. Le cycle
sera découpé en cycles infiniment petits tels que CDFE, et
l'on pourra substituer au cycle donné le système des cycles
élémentaires tels que CDFE ainsi obtenus, parce que si l'on
fait parcourir au corps soumis à la transformation successivement chacun des cycles CDFE, il parcourra toute adiabatique CE deux fois en sens inverse. Chaque adiabatique
fournira des termes nuls dans l'intégrale $\int \frac{dQ}{\theta}$ c'est-à-dire ne
changera pas sa valeur.

Par C et E faisons passer deux isothermes CG et EH ; au
cycle CDFE, on pourra substituer le cycle de Carnot CGEH
qui en diffère par des infiniment petits du second ordre
représentés par les aires CDG et EFH.

De plus, à cause du principe de l'équivalence, l'aire CDG
étant du second ordre, la quantité de chaleur mise en jeu le
long de CD sera la même que celle qui serait mise en jeu le
long de CG, c'est-à-dire dQ. Si en EH la température absolue

est θ' et la quantité de chaleur mise en jeu dQ', d'après ce que l'on a vu (page 71) on a $\dfrac{dQ}{\theta} - \dfrac{dQ'}{\theta'} = 0$.

Cela est vrai pour tous les cycles CDFE, donc :

$$\Sigma \left(\frac{dQ}{\theta} - \frac{dQ'}{\theta'} \right) = 0.$$

En intégrant tout le long du cycle on aura donc : $\displaystyle\int \frac{dQ}{\theta} = 0$.

C'est l'équation de Clausius.

Corollaires. — 1° $\dfrac{dQ}{\theta}$ *est une différentielle exacte pour une transformation réversible.* — L'équation de Clausius est applicable à un cycle quelconque fermé et réversible. L'intégrale $\displaystyle\int \frac{dQ}{\theta}$, étendue au cycle entier, est égale à la somme des valeurs que prend $\displaystyle\int \frac{dQ}{\theta}$ intégrée de A à B le long de AMB, puis in-

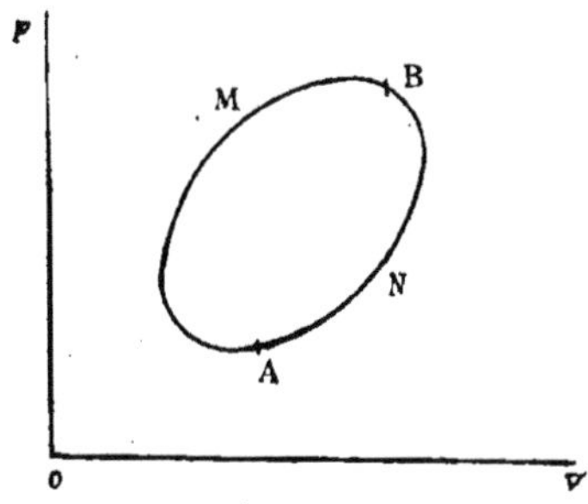

tégrée de B à A le long de BNA. Ces deux valeurs sont égales et de signes contraires. Donc $\displaystyle\int_A^B \frac{dQ}{\theta}$ est une quantité indépendante du chemin parcouru entre le point A et le point B ; elle ne dépend que de la valeur initiale en A et de la valeur finale en B. Donc, si laissant A fixe on déplace B dans le plan, $\displaystyle\int_A^B \frac{dQ}{\theta}$ devient une véritable fonction des coordonnées du point B ; de même elle est une fonction des coordonnées du point A. L'expression sous le signe $\int$ est donc une différentielle exacte d'une fonction des variables qui définissent l'état du corps en général.

La condition : $\dfrac{dQ}{\theta}$ différentielle exacte, est une conséquence analytique du principe de Carnot dans le cas des transformations réversibles ; nous pourrons donc toutes les fois que ce cas se présentera écrire cette condition comme représentant le principe de Carnot.

2° *L'inverse de la température absolue est un facteur intégrant de* dQ. — La température absolue jouit d'une propriété analytique remarquable ; dQ n'est pas en général une différentielle exacte ; puisque $\dfrac{dQ}{\theta}$ est une différentielle exacte, il en résulte que $\dfrac{1}{\theta}$ est un facteur intégrant de dQ, donc :

La température absolue jouit de la propriété analytique d'être un facteur intégrant de dQ.

Or un facteur intégrant est une certaine fonction des variables ; on démontre en analyse qu'il en existe une infinité. Dans le cas qui nous occupe, le facteur intégrant jouit de la propriété particulière d'être une fonction de p et de v qui n'est fonction que de la température — sans cette remarque, il n'y aurait pas de théorème. Donc il y a une fonction de la température qui est un facteur intégrant de dQ.

Cette propriété pourra nous être utile à deux points de vue : 1° pour exprimer le principe de Carnot si on suppose connues les températures absolues : 2° pour calculer la température absolue θ si on admet le principe de Carnot comme démontré.

Entropie. — Nous avons trouvé que $\dfrac{dQ}{\theta}$ était une différentielle exacte. On appelle *entropie* la fonction S telle que

$$\frac{dQ}{\theta} = dS.$$

Soit un corps qui travaille suivant un cycle de Carnot entre deux températures absolues θ_1 et θ_2 ; formons dS à chaque instant.

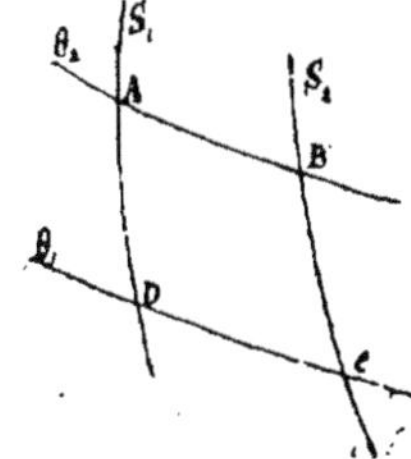

La variation de l'entropie le long dé l'isotherme AB est

$$\int_A^B \frac{dQ}{\theta} = \frac{1}{\theta_2} \times \int_A^B dQ = \frac{Q_2}{\theta_2}.$$

Pareillement, le long de CD, la variation de l'entropie sera $\dfrac{Q_1}{\theta_1}$. Les arcs d'adiabatiques ne donnent rien à $\int \dfrac{dQ}{\theta}$. Donc $\int \dfrac{dQ}{\theta}$ se réduit à $\dfrac{Q_2}{\theta_2} - \dfrac{Q_1}{\theta_1} = 0$.

Inversement, de la formule $\dfrac{Q_1}{\theta_1} - \dfrac{Q_2}{\theta_2} = 0$, on a tiré

$$\int \frac{dQ}{\theta} = 0.$$

Donc ces deux expressions sont équivalentes.

On peut dire que, pendant le parcours AB, le corps a reçu une certaine quantité d'entropie :

$$\frac{Q_2}{\theta_2} = \Delta_2 S,$$

que, pendant le parcours CD, il en a perdu $\dfrac{Q_1}{\theta_1} = \Delta_1 S$.

On voit alors que $\Delta_1 S = \Delta_2 S$.

La quantité totale d'entropie reçue par le corps est nulle ; il y a conservation de la quantité d'entropie du corps, si on considère l'entropie comme une nouvelle quantité physique définie par la formule donnée plus haut.

Par suite, on peut dire que le principe de Carnot est le principe de la *conservation de l'entropie*.

Lorsqu'un corps prend autant d'entropie à une série de corps, qu'il en rend à une autre, on dit qu'il *transporte* l'entropie.

Nouvelle manière de considérer la calorimétrie. — En général, on admet que lorsque la chaleur passe par simple contact d'un premier calorimètre A à un second B, le second reçoit toute la chaleur cédée par le premier.

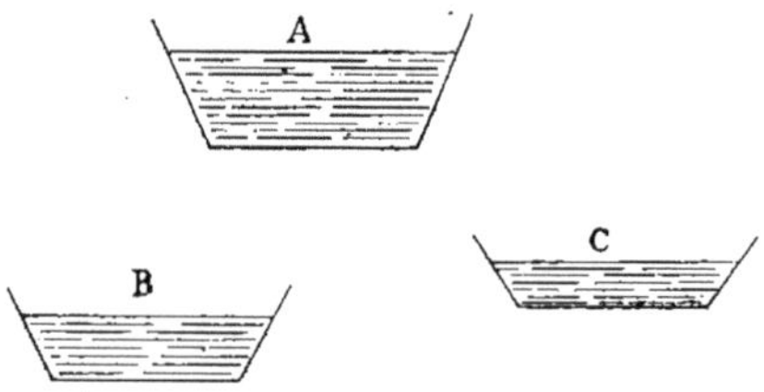

Nous pouvons dire que cela n'est pas rigoureusement vrai, quoique le résultat numérique soit exact.

Supposons que le transport de la chaleur se fasse, non par simple contact, mais par l'intermédiaire d'une machine thermique ; A sera la chaudière, B, le réfrigérant. A cédera une quantité de chaleur Q_1 ; B recevra Q_2 ; or $Q_1 - Q_2$ est différent de 0 et équivalent au travail produit. Transformons le travail correspondant à $Q_1 - Q_2 = \delta$ en chaleur, par exemple par le frottement d'une meule, nous aurons une quantité de chaleur δ (en thermies) différente de 0 qui pourra être reçue dans un troisième calorimètre C.

Si C et B sont confondus, A a perdu Q_1, et B a reçu $Q_2 < Q_1$, mais la différence qui était reçue dans C peut s'ajouter à la chaleur reçue par B. En théorie les quantités Q_2 et δ sont distinctes, en fait elles s'ajoutent ; alors on peut dire que le second calorimètre B reçoit autant de chaleur que le premier en a perdu.

En résumé, lorsque la chaleur passe d'un corps A à un autre B, il y a toujours une différence finie entre la quantité de chaleur cédée par le premier et celle reçue par le second, mais cette différence peut exister sous forme d'une quantité de chaleur qui s'ajoute à la chaleur reçue par le corps le plus froid.

Toutefois cette différence existe à l'état libre, de telle sorte qu'on peut la retrouver sous forme de chaleur, ou bien la transformer en travail, par exemple en travail électrique. Nous allons en donner un exemple.

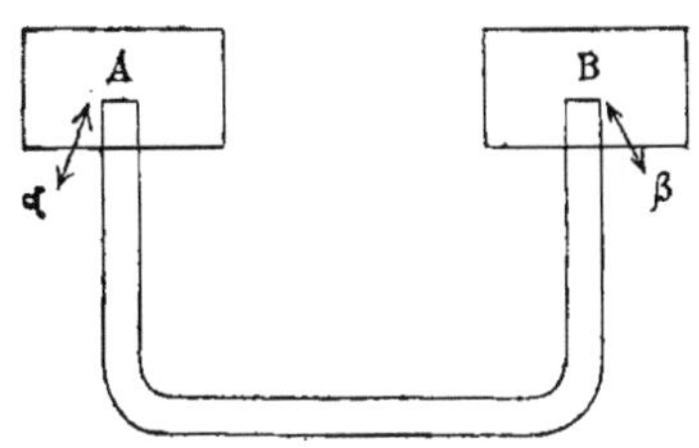

Considérons un circuit et deux soudures thermoélectriques α et β ; soient α la soudure chaude, β la soudure froide. Supposons qu'on fasse passer un courant dans le circuit de manière à produire un phénomène Peltier ; la soudure α se refroidira en prenant à la source chaude Q_1 ; β se réchauffera en absorbant Q_2 ; supposons que ce soit le même courant qui produit cet échauffement et ce refroidissement. Alors $Q_1 < Q_2$.

La différence $Q_1 - Q_2 = \delta$ peut être transformée en travail ; on peut l'employer à faire marcher une machine de Gramme, à charger un condensateur ou à exécuter une action chimique.

Donc δ peut à volonté être transformée en travail mécanique, électrique ou chimique. La différence δ sera transformée en chaleur, si dans le circuit on interpose une grande résistance, un fil très fin par exemple ; on mesurera alors δ en évaluant la quantité de chaleur que ce fil cédera à un calorimètre.

Lorsqu'on fait le transport de manière que la différence $Q_1 - Q_2$ soit transformée en travail, le corps prend à A une quantité d'entropie S et en rend à B une quantité égale. Le corps transporte l'entropie de A en B. Si S est la valeur de l'entropie, on aura pour la chaleur cédée par le premier corps $Q_1 = \theta_1 S$, pour la chaleur reçue par le second corps $Q_2 = \theta_2 S$.

Le travail produit sera

$$\delta = Q_1 - Q_2 = S(\theta_1 - \theta_2).$$

(Q_1 et Q_2 étant supposées exprimées en thermies.)

On peut énoncer ce résultat en disant que la production de travail est due à la chute d'une quantité invariable d'entropie S, qui passe de θ_1 à θ_2.

De même, quand un corps tombe en produisant du travail, sa masse ne change pas, mais ce qui change, c'est la hauteur de chute.

ÉVALUATION DES TEMPÉRATURES ABSOLUES EN FONCTION DES
INDICATIONS D'UN THERMOMÈTRE QUELCONQUE (1

Expression analytique de la température absolue.
— Exprimons que $\dfrac{dQ}{\theta}$ est une différentielle exacte ; la condition qui en résultera, si les températures absolues sont connues donnera une relation entre les autres paramètres qui
expriment les principes de Carnot. Inversement, supposons
les paramètres thermiques connus, nous pourrons considérer θ comme inconnue; le principe de Carnot nous donnera
une relation qui permettra de déterminer θ.

Donc, il y a moyen d'exprimer θ analytiquement, en fonction des paramètres thermiques.

Pour chercher l'expression analytique de θ, ne fixons pas
x et y. Supposons simplement que l'une des deux variables,
x, soit une fonction de la température seulement, et varie
dans le même sens que la température. Par exemple, x sera
donné par un thermomètre à liquide quelconque, inconnu,
d'une forme bizarre, irrégulier, astreint à la seule condition
que son indication x croisse avec la température. On a alors :

$$dQ = Pdx + Rdy.$$

P et R seront d'ailleurs des fonctions qui pourront être

(1) LIPPMANN. *Journal de Physique théorique et appliquée*. Année 1884,
2me série, t. III, pp. 52 et 27^7.

connues expérimentalement à chaque instant. Alors :

$$dS = \frac{dQ}{\theta} = \frac{P}{\theta}\,dx + \frac{R}{\theta}\,dy.$$

La condition d'intégrabilité qui exprime le principe de Carnot est que :

$$\frac{d\left(\dfrac{P}{\theta}\right)}{dy} = \frac{d\left(\dfrac{R}{\theta}\right)}{dx},$$

d'où, en remarquant que θ n'est fonction que de la seule variable x, et que y est indépendant de x,

$$\frac{1}{\theta}\frac{dP}{dy} = \frac{1}{\theta}\frac{dR}{dx} - \frac{R}{\theta^2}\frac{d\theta}{dx}.$$

ou en séparant les variables,

$$(1) \qquad \frac{1}{\theta}\frac{d\theta}{dx} = \frac{1}{R}\left(\frac{dR}{dx} - \frac{dP}{dy}\right);$$

ou en intégrant,

$$L\theta = \int_{x_0}^{x} \frac{1}{R}\left(\frac{dR}{dx} - \frac{dP}{dy}\right)dx$$

d'où

$$(2) \qquad \theta = \theta_0\, e^{\displaystyle\int_{x_0}^{x} \frac{1}{R}\left(\frac{dR}{dx} - \frac{dP}{dy}\right)dx}$$

θ_0 étant une constante arbitraire.

Si on connaît P et R en fonction de x et de y, on pourra calculer l'intégrale précédente; cela donnera l'intervalle $\dfrac{\theta}{\theta_0}$

des températures absolues, intervalle qui, comme nous l'avons vu, est toujours représenté par un rapport.

Or, d'après la nature de la question, il faut que $\dfrac{\theta}{\theta_0}$ ne dépende que de la température, et cependant la quantité sous le signe $\int$ paraît analytiquement fonction de x et de y.

Donc le second membre, et en particulier $\dfrac{d\mathrm{R}}{dx} - \dfrac{d\mathrm{P}}{dy}$, ne doit dépendre que de la température. C'est là une nécessité d'ordre physique ; on pourra vérifier que cette condition est satisfaite dans chaque cas particulier.

On peut d'ailleurs mettre ce fait en évidence d'une manière générale, et au point de vue analytique.

Soit x' l'indication d'un autre corps thermométrique ; d'après la définition même des températures absolues, il est évident que la substitution de x' à x ne doit rien changer au résultat ; par conséquent, on doit obtenir la même valeur de $\dfrac{\theta}{\theta_0}$. x est fonction de x', car les instruments sont observés à la même température. Donc

$$x = \varphi(x')$$

d'où :
$$dx = \varphi'(x')dx'$$

dès lors
$$\mathrm{P}dx = \mathrm{P}'dx'$$

d'où
$$\mathrm{P} = \mathrm{P}'\,\frac{1}{\varphi'},$$

Donc, en appliquant le théorème des fonctions de fonctions, on a :

$$\int_{x_0}^{x} \frac{1}{\mathrm{R}}\left(\frac{d\mathrm{R}}{dx} - \frac{d\mathrm{P}}{dy}\right) dx = \int_{x'_0}^{x'} \frac{1}{\mathrm{R}}\left(\frac{d\mathrm{R}}{dx'}\frac{1}{\varphi'} - \frac{d\mathrm{P}'}{dy}\frac{1}{\varphi'}\right) \varphi' dx'$$

φ' disparaît ; donc : $\theta = \theta_0 e^{\displaystyle\int_{x'_0}^{x'} \frac{1}{R}\left(\frac{dR}{dx'} - \frac{dP'}{dy}\right) dx'}$

P′ est la valeur que prend P quand on y remplace x en fonction de x'. Donc $\dfrac{\theta}{\theta_0}$ à la même expression que précédemment.

Calcul de la température absolue avec un thermomètre particulier. — Prenons par exemple pour thermomètre un thermomètre à acide sulfureux et pour indication la tension maxima p du liquide. Supposons que ce soit là le seul thermomètre que l'on ait et qu'on ne possède pas d'échelle thermométrique. Avec cette seule indication, proposons-nous de trouver la température absolue.

Soit t la température définie par un thermomètre quelconque et soit v le volume de l'acide sulfureux.

Nous prendrons t et v pour variables indépendantes et nous ferons $x = t$, $y = v$. Il viendra

$$dQ = c\,dt + l\,dv$$

c est la chaleur spécifique à volume constant du mélange d'acide sulfureux liquide et gazeux ; l est la chaleur latente de dilatation à température constante rapportée à l'unité de volume.

Si on rapporte aux notations précédentes, on a :

$$c = P \quad l = R$$

d'où
$$\theta = \theta_0 e^{\displaystyle\int_{t_0}^{t} \frac{1}{l}\left(\frac{dl}{dt} - \frac{dc}{dv}\right) dt}$$

formule qu'on peut simplifier en appliquant le principe de l'équivalence.

En effet on a
$$d\tau - E\,dQ = dU,$$

or
$$d\tau = p\,dv,$$

donc
$$dU = p\,dv - E\,(c\,dt + l\,dv).$$

D'après le principe de l'équivalence, dU est une différentielle exacte, donc

$$\frac{d\,(-\,Ec)}{dv} = \frac{d\,(p - El)}{dt}$$

d'où
$$\frac{dp}{dt} = E\left(\frac{dl}{dt} - \frac{dc}{dv}\right)$$

Donc l'expression de θ devient $\theta = \theta_0 e^{\dfrac{1}{E}\displaystyle\int_{t_0}^{t}\frac{1}{l}\frac{dp}{dt}\,dt}$

Le raisonnement fait est indépendant de la nature du corps thermométrique. La formule est donc tout à fait générale.

On ne s'est pas servi de ce que l'on avait affaire à une vapeur saturée. Ici la tension maxima p est indépendante du volume ; donc $\dfrac{dp}{dt}\,dt$ est une différentielle totale

$$dp = \frac{dp}{dt}\,dt.$$

Dès lors la formule devient :

$$\theta = \theta_0 e^{\dfrac{1}{E}\displaystyle\int_{p_0}^{p}\frac{dp}{l}}.$$

Si l'on connaît toutes les valeurs de p et de l, on pourra connaître les températures absolues.

Interprétation physique du coefficient $\dfrac{1}{l}$ —Soit u un certain volume de vapeur ; on peut le prendre tel que $ul = 1$ ou $u = \dfrac{1}{l}$. u sera un volume de vapeur tel que sa production absorbe une calorie.

Alors
$$\theta = \theta_0 e^{\frac{1}{\mathrm{E}} \int_{p_0}^{p} u\, dp}.$$

Prenons pour abscisses les tensions maxima et pour ordonnées les valeurs de u correspondantes. Nous aurons une représentation graphique telle que l'aire de la courbe obtenue de p_0 à p sera l'intégrale $\int_{p_0}^{p} u\, dp$. Cette aire représente le logarithme de la température absolue.

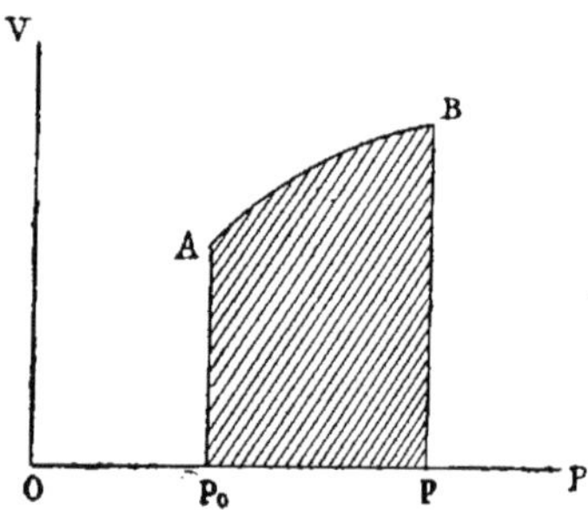

Ainsi, avec ce thermomètre à acide sulfureux, pour construire une échelle des températures absolues, il suffit de chercher pour chaque valeur de p la valeur de u ; elle sera donnée par des mesures calorimétriques ; de plus, il faut nécessairement connaître la chaleur latente et la densité absolue. C'est là une première manière d'obtenir les températures absolues.

Température absolue déterminée par la considération d'un corps quelconque. — Reprenons les formules précédemment établies :

$$(1)' \qquad \frac{1}{\theta}\frac{d\theta}{dt} = \frac{1}{E}\frac{1}{l}\frac{dp}{dt}$$

$$(2)' \quad \theta = \theta_0 e^{\frac{1}{E}\int_{t_0}^{t}\frac{1}{l}\frac{dp}{dt}\,dt}$$

et changeons les variables indépendantes ; au lieu de

$$dQ = cdt + ldv, \text{ prenons } dQ = cdt + hdp$$

ce qui revient à considérer t et p comme variables indépendantes, au lieu de t et v.

Alors on a : $\qquad dv = \frac{dv}{dt}\,dt + \frac{dv}{dp}\,dp$

d'où $\qquad dQ = cdt + l\left(\frac{dv}{dt}\,dt + \frac{dv}{dp}\,dp\right)$

$$dQ = \left(c + l\frac{dv}{dt}\right)dt + l\frac{dv}{dp}\,dp = Cdt + hdp.$$

Les deux expressions de dQ doivent être identiques ; donc

$$C = c + l\frac{dv}{dt}.$$

d'où $\qquad l = \dfrac{C - c}{\dfrac{dv}{dt}}$

Or, lorsqu'un corps se dilate, on peut lui attribuer deux coefficients différents, l'un α à pression constante, l'autre β à volume constant.

$$dv = v_0 \alpha dt \qquad\qquad \alpha = \dfrac{\dfrac{dv}{dt}}{v_0}$$

d'où

$$dp = p_0 \beta dt \qquad\qquad \beta = \dfrac{\dfrac{dp}{dt}}{p_0}$$

ou encore

$$\left\{ \begin{aligned} \frac{dv}{dt} &= v_0 \alpha \\[2mm] \frac{dp}{dt} &= p_0 \beta \end{aligned} \right.$$

donc on a

$$\frac{1}{\theta}\frac{d\theta}{dt} = \frac{1}{E}\frac{p_0 v_0 \alpha \beta}{C - c}.$$

$$\theta = \theta_0 e^{\dfrac{1}{E}\int_{t_0}^{t}\dfrac{p_0 v_0 \alpha \beta}{C - c}}.$$

Ces formules sont générales; toutefois elle supposent que les formules de dilatation du corps à volume constant ou à pression constante sont identiques.

Températures absolues en fonction des indications d'un thermomètre à gaz. — Appliquons maintenant les résultats précédents à la détermination des températures absolues à l'aide des gaz.

Pour un gaz tel que l'air, les formules (1)′ et (2)′ (page 85) sont applicables; alors p désigne la force élastique du gaz.

Dans ce cas particulier, on peut exprimer t en fonction

de p. En effet, on a démontré précédemment (page 85) la formule générale,

$$l = \frac{C - c}{\dfrac{dv}{dt}}$$

mais, en désignant par T l'indication du thermomètre à air, on a d'après les lois de Mariotte et de Gay Lussac la relation

$$pv = p_0 v_0 (1 + \alpha T).$$

Prenons les dérivées des deux membres par rapport à la température, en supposant p constant, et en remarquant que l'indication T du thermomètre à air est évidemment fonction de l'indication t du thermomètre quelconque.

On a
$$p \frac{dv}{dt} = p_0 v_0 \alpha \frac{dT}{dt}$$

d'où
$$\frac{dv}{dt} = \frac{p_0 v_0 \alpha}{p} \frac{dT}{dt}.$$

Donc
$$l = \frac{(C - c)\, p}{p_0 v_0 \alpha} \frac{1}{\dfrac{dT}{dt}};$$

substituons cette valeur dans l'expression (2)' de la température absolue, il viendra

$$\theta = \theta_0 e^{\dfrac{1}{E} \int_{t_0}^{t} \frac{dp}{dt} \frac{p_0 v_0 \alpha}{(C - c)p} \frac{dT}{dt}\, dt}.$$

mais on a démontré (page 27) la relation approchée

$$E = \frac{p_0 v_0 \alpha}{C - c}.$$

La formule précédente se réduit donc à

$$\theta = \theta_0 e^{\displaystyle\int_{t_0}^{t} \frac{1}{p}\frac{dp}{dt}\frac{dT}{dt}\,dt}$$

Si, en particulier, on détermine les températures t à l'aide du thermomètre à air à volume constant, on a $T = t$

d'où
$$\frac{dT}{dt} = 1,$$

donc
$$\theta = \theta_0 e^{\displaystyle\int_{t_0}^{t} \frac{1}{p}\frac{dp}{dt}\,dt} ;$$

mais
$$\int \frac{1}{p}\frac{dp}{dt}\,dt = L\frac{p}{p_0}$$

donc
$$\theta = \theta_0 e^{L\frac{p}{p_0}}$$

or
$$e^{L\frac{p}{p_0}} = \frac{p}{p_0}$$

donc
$$\theta = \frac{p}{p_0}\theta_0$$

ou
$$\theta = p \times C^{te}, \text{ pour } v = C^{te}.$$

Les valeurs correspondantes de p sont, à un facteur constant près, $1 + \alpha T$. Donc

$$\theta = (1 + \alpha T) \times \text{Const.}$$

Donc, *les températures absolues sont proportionnelles au binôme de dilatation relatif aux gaz*.

Le facteur constant est arbitraire ; on le prend égal à $\frac{1}{\alpha}$.

Alors $$\theta = \frac{1}{\alpha}(1 + \alpha\,T) = \frac{1}{\alpha} + T.$$

Or $$\frac{1}{\alpha} = 273 \text{ environ.}$$

Donc $$\theta = 273 + T.$$

On obtient ainsi une expression simple des températures absolues en fonction des indications du thermomètre à air.

Remarques relatives à la détermination des températures ▪▪▪▪▪ au moyen des gaz. — Toutefois, il faut se rappel▪▪▪▪▪ te expression n'est qu'approchée. Elle suppose en effet : 1° que le gaz obéit rigoureusement aux lois de Mariotte et de Gay-Lussac, ce qui n'est pas vrai ; 2° que la formule $E = \dfrac{p_0\,v_0\,\alpha}{C - c}$ est exacte. Or, on a remarqué lors du principe de l'équivalence que cette formule n'était qu'approchée ; la formule rigoureuse serait $E = \dfrac{p_0\,v_0\,\alpha}{C - c + x}$, x étant la chaleur absorbée par la décompression brusque du gaz quand on augmente le volume 1 de α. La formule $E = \dfrac{p_0\,v_0\,\alpha}{C - c}$ n'est vraie que si l'on fait abstraction du travail intérieur du gaz. En négligeant x, comme on le verra plus loin dans l'étude des gaz réels, on commet une erreur de $\dfrac{1}{500}$ à laquelle s'ajoute, dans la question actuelle, celle qui provient de la loi de Mariotte.

Ces restrictions étant faites, on pourra prendre comme valeur de la température absolue l'expression $273 + T$, T étant la température du thermomètre à air à volume constant; il faut toutefois se bien garder de croire que ce soit là une définition de la température absolue.

Remarque générale. — On fait souvent cette confusion, de prendre comme définition d'une quantité une valeur approchée de cette quantité. On ne retrouve plus alors ses propriétés générales. On a une approximation suffisante au point de vue pratique, mais qui ne peut remplacer la définition théorique.

FONCTION DE CARNOT

Définition de la fonction de Carnot. Considérons une machine thermique qui travaille entre températures déterminées; elle a un rendement qui varie dans le même sens que l'intervalle des températures; le rendement diminue et s'annule en même temps que cet intervalle.

Soient t et $t + dt$ les températures entre lesquelles fonctionne la machine; le rendement $\dfrac{d\mathfrak{C}}{Q}$ est infiniment petit.

Formons le quotient $\dfrac{d\mathfrak{C}}{Q} : dt$

ou
$$\dfrac{\dfrac{d\mathfrak{C}}{dt}}{Q}.$$

C'est la dérivée du rendement par rapport à la température ; c'est encore le rendement rapporté à un intervalle de températures de 1°. Ce rendement rapporté à 1° d'intervalle a reçu le nom de *fonction de Carnot*, désignons-la par C_t. On a :

$$C_t = \frac{\dfrac{d\mathfrak{A}}{dt}}{Q}.$$

Propriétés. — 1° La fonction de Carnot est indépendante de la nature du corps soumis à la transformation.

En effet, le rendement $\dfrac{d\mathfrak{A}}{Q}$ entre deux températures données est indépendant de la nature de la machine ; c'est une conséquence du principe de Carnot.

2° La fonction de Carnot dépend de la température à laquelle on opère et du choix de l'échelle thermométrique.

En effet, soit t' l'indication d'une autre échelle thermométrique, on aura :

$$C_{t'} = \frac{\dfrac{d\mathfrak{A}}{dt'}}{Q} = \frac{\dfrac{d\mathfrak{A}}{dt}\dfrac{dt'}{dt}}{Q} = C_t \frac{dt}{dt'}.$$

Donc, si l'échelle de températures t' n'est pas identique à l'échelle t, $C_{t'}$ est différent de C_t. Il y a alors un module, un coefficient de réduction pour passer de t à t'.

Relation entre les températures absolues et la fonction de Carnot. — On dit quelquefois que la température absolue est l'inverse de la fonction de Carnot. Ce n'est qu'une proposition approchée. Pour vérifier, cherchons la re-

lation entre la température absolue et la fonction de Carnot.
On a :

$$C_t = \frac{\frac{d\mathfrak{C}}{dt}}{Q}.$$

Si on exprime la chaleur en thermies, $d\mathfrak{C} = dQ$, et la fonction de Carnot devient

$$C_t = \frac{\frac{dQ}{dt}}{Q}.$$

Or, on sait que Q est proportionnel à θ ; c'est la définition même de θ, donc

$$\frac{dQ}{Q} = \frac{d\theta}{\theta} \qquad \text{d'où} \qquad C_t = \frac{\frac{d\theta}{dt}}{\theta} = \frac{d}{dt}\, L\theta.$$

Donc, la fonction de Carnot n'est pas $\frac{1}{\theta}$; pour qu'elle se réduise à $\frac{1}{\theta}$, il faut et il suffit que $\frac{dQ}{dt} = 1$. Pour cela, il faut qu'on ait pris pour échelle thermométrique celle des températures absolues (à une constante près).

Mais, on ne peut prendre $\frac{1}{C_t}$ pour définition de la température absolue, car pour former $\frac{1}{C_t}$ il faut déjà avoir les températures θ. Ainsi, la proposition énoncée n'est vraie que dans un cas particulier ; et si on s'en servait pour définir les températures absolues, on ferait un cercle vicieux.

La température absolue s'exprime d'ailleurs facilement à l'aide de la fonction de Carnot. De l'équation

$$\frac{\dfrac{d\theta}{dt}}{\theta} = C_t$$

on tire en intégrant

$$\theta = \theta_0 e^{\displaystyle\int_{t_0}^{t} C_t\, dt}.$$

Expression analytique de la fonction de Carnot. — La température absolue pouvant s'exprimer au moyen des indications d'un thermomètre quelconque, il en est de même de la fonction de Carnot qui est une fonction de la température absolue.

Dans l'équation (1) (page 80), supposons que x représente l'indication t d'un thermomètre quelconque. On a :

$$C_t = \frac{\dfrac{d\theta}{dt}}{\theta} = \frac{1}{R}\left(\frac{dR}{dt} - \frac{dP}{dy}\right).$$

Ce n'est autre chose que l'expression sous le signe $\int$ dans la valeur de θ.

Si on se reporte à la détermination de la température absolue au moyen des gaz, on voit que l'on a (page 86) :

$$C_t = \frac{1}{E}\frac{p_0 v_0 \alpha \beta}{C - c}.$$

Utilité de la fonction de Carnot. — La fonction de

Carnot se prête facilement à la vérification expérimentale du principe de Carnot.

Le rendement est indépendant de la nature de la machine, donc C_t est constant et indépendant de la nature du corps qui se transforme. Il suffit pour le démontrer de vérifier que C_t est constant pour un certain nombre de machines.

Pour cela, on calcule le rendement d'une machine à vapeur entre 99° à 100° au moyen de données relatives à la vapeur d'eau. Le même calcul fait pour la vapeur d'alcool a donné à Carnot sensiblement le même nombre. Carnot manquait de données numériques ; il n'a pu prendre que ces deux corps et l'air. Depuis, la vérification a été étendue par Clapeyron à la vapeur d'éther, et par Sir William Thomson à l'essence de térébenthine.

Dans le cas où l'on prend un thermomètre a vapeur saturée, on a :

$$C_t = \frac{1}{l} \frac{dp}{dt}.$$

On peut le voir directement. Supposons que le liquide se vaporise à la température constante $t + dt$; le point représentatif se déplace de A en B sur une horizontale. Puis on refroidit à $t°$ de B en C. On comprime à la température t de C en D et on revient en A. Supposons que le passage de AB à sa

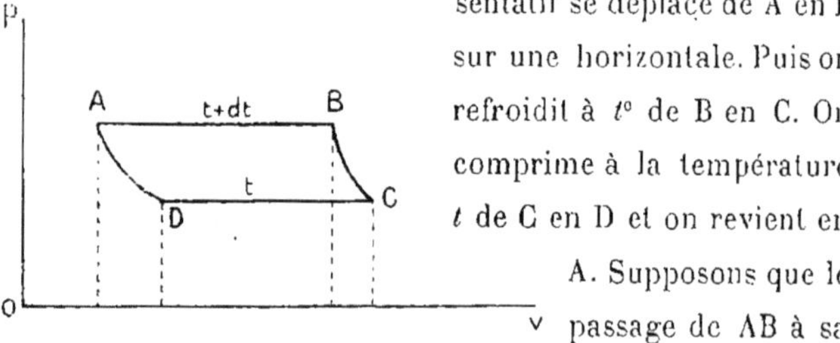

parallèle CD se fasse suivant des adiabatiques, ou si l'on veut, par des cycles de forme quelconque mais infiniment petits. Le rendement est $\dfrac{d\tau}{Q}$.

Or, $d\tau =$ aire $P\,P'\,P''\,P''' = \Delta v.dp$.

D'autre part, $Q = l\Delta v$.

Alors
$$\frac{d\tau}{Q} = \frac{\Delta v.dp}{l.\Delta v} = \frac{dp}{l}$$

d'où
$$C_t = \frac{\dfrac{d\tau}{dt}}{Q} = \frac{\dfrac{dp}{dt}}{l}.$$

Pour la vérification, on pourra prendre comme valeur approchée de $\dfrac{dp}{dt}$ les différences premières des tensions maxima fournies par les tables. Il est donc indifférent de prendre un liquide qui est peu volatil, ou qui l'est beaucoup.

On a trouvé pour définir la température absolue la formule (page 86).

$$\frac{\dfrac{d\theta}{dt}}{\theta} = \frac{1}{E}\frac{\dfrac{dp}{dt}\dfrac{dv}{dt}}{C - c}$$

ou
$$\theta = \theta_0 e^{\dfrac{1}{E}\int \dfrac{\dfrac{dp}{dt}\dfrac{dv}{dt}}{C - c}dt}.$$

Cette expression est tout à fait générale ; on en tire

$$C_t = \frac{\dfrac{d\theta}{dt}}{\theta} = \frac{1}{E}\frac{\dfrac{dp}{dt}\dfrac{dv}{dt}}{C - c}.$$

Appliquons aux gaz parfaits, définis par la formule

$$pv = p_0 v_0 (1 + \alpha t).$$

On aura

$$\frac{dp}{dt} = \frac{p_0 v_0 \alpha}{v}$$

$$\frac{dv}{dt} = \frac{p_0 v_0 \alpha}{p}.$$

De plus

$$E = \frac{p_0 v_0 \alpha}{C - c}, \text{ d'où } \frac{1}{E} = \frac{C - c}{p_0 v_0 \alpha}$$

donc

$$C_t = \frac{C - c}{p_0 v_0 \alpha} \frac{p_0 v_0 \alpha}{p} \frac{p_0 v_0 \alpha}{v} \frac{1}{C - c} ;$$

ou

$$C_t = \frac{p_0 v_0 \alpha}{pv} = \frac{\alpha}{1 + \alpha t} = \frac{1}{\dfrac{1}{\alpha} + t} = \frac{1}{273 + t} ;$$

or (p. 93)

$$\theta = \theta_0 e^{\int_{t_0}^{t} C_t dt}.$$

$$\int C_t dt = L (273 + t)$$

$$\theta = \theta_0 e^{L (273 + t)} ; \text{ d'où } \theta = \theta_0 (273 + t).$$

Si on prend $\theta_0 = 1$, on a $\theta = 273 + t$.

Le zéro absolu n'existe pas. — En parlant des températures absolues, on n'a pas parlé de zéro absolu. En effet, il n'y a pas de zéro absolu.

On a défini les températures absolues comme proportionnelles aux quantités de chaleur mises en jeu dans une machine thermique. La suite des températures absolues est comme la suite des nombres proportionnels en chimie, où l'on n'a pas besoin de considérer un corps d'équivalent nul. Rien d'ailleurs n'autorise à penser que le zéro absolu existe réellement.

Soient t et t' deux températures entre lesquelles fonctionne une machine. On a les quantités correspondantes

$$\begin{array}{ccc} t & Q & \theta \\ t' & Q' & \theta' \end{array}$$

Par définition $\dfrac{\theta'}{\theta} = \dfrac{Q'}{Q}$; on peut concevoir que ce rapport tende vers zéro. Le zéro absolu serait alors une température telle que le condenseur ne recevrait rien et qu'on utiliserait toute la chaleur prise à la chaudière. Dans ces conditions le condenseur ne se réchaufferait pas par le jeu de la machine.

Or, le zéro absolu ainsi défini ne peut être atteint. En effet, tous les moyens connus de refroidissement : volatilisation, décompression, phénomène Peltier, refroidissement d'une soudure, sont réversibles. Un phénomène de refroidissement faisant partie d'un cycle réversible ne peut abaisser la température du corps jusqu'au zéro absolu ; il peut l'abaisser indéfiniment de plus en plus sans jamais arriver à la limite.

S'il en était autrement, en prenant ce corps comme condenseur, puis un corps quelconque comme chaudière, on aurait une machine thermique ; si on la fait fonctionner à contre marche, de façon que le condenseur fournisse de la chaleur pour produire du travail, on a $\dfrac{Q'}{Q} = \varepsilon$. A mesure que le corps se refroidit, la fraction précédente diminue ; l'efficacité de chaque coup de piston va en diminuant, et la limite ne peut être atteinte qu'asymptotiquement, au bout d'un nombre infini d'opérations.

APPLICATIONS
DES PRINCIPES DE LA THERMODYNAMIQUE

Conditions nécessaires pour qu'on puisse appliquer les principes sous leur forme analytique. — Les conditions analytiques qui résultent des principes de la Thermodynamique ne sont applicables que lorsque la série des transformations forme un cycle fermé et réversible. En effet, pour qu'on puisse appliquer le principe de l'équivalence, le cycle doit être fermé ; pour l'application du principe de Carnot le cycle doit être réversible.

Ces deux conditions à satisfaire en entraînent une autre au point de vue analytique. L'état d'un corps soumis à une série de transformations est défini par certaines quantités, telles que son volume, sa température, la pression qu'il supporte, etc... Parmi ces grandeurs, les unes étant considérées comme variables indépendantes, les autres seront des fonctions de ces variables. Un corps dont l'état ne dépendrait que d'une seule variable indépendante ne peut parcourir un véritable cycle. Si x et y définissent l'état du corps, et que x soit la variable indépendante, y est fonction de x ; le corps partant de l'état initial A $(x_0 y_0)$ passe par une série de transformations représentées par la courbe AB.

Pour chaque valeur de x, la valeur de y est déterminée.

Pour fermer le cycle, le point représentatif devrait revenir de

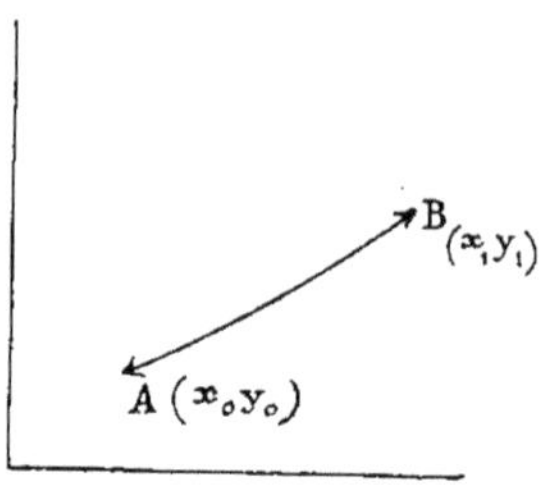

B $(x_1\ y_1)$ en A ; mais les valeurs de x et par suite celles de y seraient exactement les mêmes que dans le premier cas ; elles seraient seulement disposées dans l'ordre inverse. On n'aurait donc pas un véritable cycle, mais deux séries de phénomènes inverses telles que l'effet de la première soit exactement détruit par la seconde ; au contraire, dans le cas où l'état du corps dépend de deux variables indépendantes, nous avons vu qu'on pouvait avoir des cycles fermés.

Application des principes fondamentaux. — Lorsque les conditions précédentes (cycle fermé et réversible) sont satisfaites, on applique les principes de la Thermodynamique de la manière suivante :

1° *Principe de l'équivalence.* — On forme l'expression

$$dU = d\tau - EdQ$$

et on exprime qu'elle est une différentielle exacte.

2° *Principe de Carnot.* — On forme l'expression $\dfrac{dQ}{\theta}$ et on écrit également que c'est une différentielle exacte.

Prenons pour variables le volume et la température absolue d'un corps. Supposons par exemple que l'on prenne de l'eau, qu'on la comprime brusquement pour qu'elle ne perde pas de chaleur. Elle s'échauffe adiabatiquement. Cherchons la relation théorique entre l'échauffement et la compression. Cette question a été étudiée par l'expérience ; nous pourrons en comparer les résultats à la théorie.

1° *Principe de l'équivalence.* — On a

$$dU = pdv \qquad dQ = cd\theta + ldv$$

d'où
$$- dU = (El - p)dv + Ecd\theta.$$

Le premier principe donne la condition

$$\frac{d(El - p)}{d\theta} = \frac{d(Ec)}{dv}$$

ou $\quad$ (1)
$$\frac{dp}{d\theta} = E\left(\frac{dl}{d\theta} - \frac{dc}{dv}\right)$$

2°. *Principe de Carnot.* — On a : $\dfrac{dQ}{\theta} = \dfrac{cd\theta}{\theta} + \dfrac{ldv}{\theta}$

d'où la condition
$$\frac{d\left(\dfrac{c}{\theta}\right)}{dv} = \frac{d\left(\dfrac{l}{\theta}\right)}{d\theta}$$

ou
$$\frac{1}{\theta}\frac{dc}{dv} = \frac{1}{\theta}\frac{dl}{d\theta} - \frac{l}{\theta^2}$$

ou encore $\quad$ (2) $\qquad l = \theta\left(\dfrac{dl}{d\theta} - \dfrac{dc}{dv}\right)$

Équation de Clapeyron. — Si nous comparons (1) et (2), en remplaçant dans (2) le binôme $\dfrac{dl}{d\theta} - \dfrac{dc}{dv}$ par sa valeur $\dfrac{1}{E}\dfrac{dp}{d\theta}$ tirée de (1), nous obtenons

$$(3) \qquad l = \frac{\theta}{E}\frac{dp}{d\theta}$$

formule connue sous le nom d'équation de Clapeyron (1).

---

(1) Cette formule a été donnée pour la première fois, comme conséquence du principe de Carnot, par Clapeyron, sous la forme $l = A\dfrac{dp}{d\theta}$, A étant une fonction de la température seule ; c'est Sir W. Thomson qui, le premier, a donné à A sa véritable forme.

Remarque. — Supposons que l'on maintienne un corps à volume constant ;

à la température θ, il supportera une pression p.

  » $\theta + 1$, il supportera une pression p_1.

  » $\theta + 2$, il supportera une pression p_2.

Les différences premières $p_1 - p$, $p_2 - p_1$, $p_3 - p_2$, etc., représentent les accroissements de p lorsque, le volume restant constant, on fait varier la température. Ce sont donc les valeurs de Δp et par suite ce sont des valeurs approchées de $\dfrac{dp}{d\theta}$. Si on les multiplie par $\dfrac{\theta}{E}$ on aura l.

D'ailleurs la quantité l est souvent mesurable directement ; pour s'en rendre compte, il suffira de se rappeler que l est la chaleur latente correspondant au changement de volume de l'unité de volume d'un corps à température constante. Or cette chaleur latente peut être déterminée, par exemple, si on opère : sur de l'eau, sur une vapeur saturée, sur un mélange de vapeurs saturées, sur un mélange de vapeur saturée et de liquide. Dans ces cas, l'expérience donnera pour l une valeur qui, comparée avec la valeur calculée par la formule de Clapeyron, permettra de vérifier les conséquences de notre théorie.

VÉRIFICATIONS EXPÉRIMENTALES DE LA FORMULE DE CLAPEYRON

Soit un corps quelconque, une masse d'eau par exemple ; imaginons que nous la comprimions dans une enceinte imperméable à la chaleur. La transformation étant adiabatique, on a

$$dQ = o \qquad \text{ou} \qquad c\,d\theta + l\,dv = o$$

ou, comme dans la réalité les variations de volume et de température sont très petites et non infiniment petites, .

$$c\Delta\theta + l\Delta v = 0 \ ;$$

d'où
$$\Delta\theta = -\frac{l}{c}\,\Delta v.$$

En vertu de l'équation de Clapeyron, cette relation devient

$$(4) \qquad \Delta\theta = -\frac{1}{c}\,\frac{\theta}{E}\,\frac{dp}{d\theta}\,\Delta v.$$

La quantité $l = \dfrac{\theta}{E}\,\dfrac{dp}{d\theta}$ peut être positive ou négative. Le facteur $\dfrac{\theta}{E}$ est toujours positif ; quant à $\dfrac{dp}{d\theta}$, son signe est variable comme celui de l. Si le corps se dilate par la chaleur, on a $l > 0$; si le corps se contracte par l'action de la chaleur, comme l'eau au-dessous de 4°, on a $l < 0$. Ceci posé, si l est > 0 (corps se dilatant sous l'action de la chaleur) à une compression $(\Delta v < 0)$ correspond un échauffement $(\Delta\theta > 0)$; si l est < 0 (corps se contractant par la chaleur) à une compression $(\Delta v < 0)$ correspond un refroidissement $(\Delta\theta < 0)$. Cette conséquence est facile à vérifier qualitativement par l'expérience.

Loi générale. — Le résultat auquel nous venons d'arriver peut d'ailleurs être présenté sous forme d'une loi simple, très générale, analogue à la loi de Lenz pour les courants induits. Voici cette loi :

Lorsqu'on agit mécaniquement sur un corps placé dans une enceinte imperméable à la chaleur, le phénomène thermique qui en résulte est d'un sens tel que le changement de température correspondant tend à s'opposer à la continuation de l'action mécanique.

Par exemple, si l'on comprime un corps et que sa température s'élève, l'élévation de température tend à produire un accroissement de volume, effet contraire à celui de l'action mécanique.

Vérifications quantitatives. — La vérification expérimentale de la formule de Clapeyron au point de vue quantitatif est plus délicate. La mesure directe du coefficient de dilatation à volume constant, $\dfrac{dp}{d\theta}$, n'est possible que dans le cas des gaz. De plus la mesure de Δv est toujours incertaine ; si, par exemple, on opère sur un liquide, la variation de volume du liquide dépend essentiellement de la variation de volume de l'enveloppe. Il est plus facile de mesurer les variations de pression ; aussi modifierons-nous la formule (4) pour introduire la pression comme variable.

La chaleur à fournir pour une transformation élémentaire est

$$dQ = Cd\theta + hdp$$

en prenant θ et p comme variables indépendantes. Si la compression est effectuée dans une enceinte imperméable à la chaleur, on a $dQ = o$

ou
$$Cd\theta + hdp = o \ ;$$

ou mieux, pour se trouver dans les conditions des expériences

$$C\Delta\theta + h\Delta p = o$$

d'où
$$\Delta\theta = -\frac{h}{C}\,\Delta p.$$

D'ailleurs
$$dQ = cd\theta + ldv = Cd\theta + hdp$$

et
$$dv = \frac{dv}{d\theta}\, d\theta + \frac{dv}{dp}\, dp.$$

Donc
$$\left(c + l\,\frac{dv}{d\theta}\right) d\theta + l\,\frac{dv}{dp}\, dp = C\, d\theta + h\, dp$$

d'où, en identifiant :
$$h = l\,\frac{dv}{dp}.$$

On en déduit
$$\Delta\theta = -\,\frac{l}{C}\,\frac{dv}{dp}\,\Delta p$$

ou, en remplaçant l par sa valeur tirée de l'équation de Clapeyron
$$\Delta\theta = -\,\frac{1}{E}\,\frac{\theta}{C}\,\frac{dp}{d\theta}\,\frac{dv}{dp}\,\Delta p$$

ou finalement (5)
$$\Delta\theta = \frac{\theta}{EC}\,\frac{dv}{d\theta}\,\Delta p \quad (1)$$

Les quantités qui entrent dans le second membre de cette formule peuvent être déterminées directement par l'expérience.

Application à l'étude de la compression des liquides ; expériences de Regnault. — Regnault a le premier tenté la mesure du dégagement de chaleur qui accompagne la compression des liquides. Il employait pour évaluer $\Delta\theta$ une petite pile thermoélectrique, composée de couples fer-cuivre, dont un des pôles plongeait dans le liquide à comprimer et dont l'autre était maintenu dans un vase plein d'eau à une température déterminée ; il avait constaté qu'une compression

_____

(1) On est conduit à la formule (5) en se servant de la relation
$$\frac{dp}{d\theta}\cdot\frac{dv}{dp} = -\,\frac{dv}{d\theta}.$$

Pour établir cette relation, il faut se rappeler que des trois variables

subite de dix atmosphères n'était accompagnée d'aucun dégagement de chaleur sensible. Ce résultat ne peut infirmer la théorie, car si on calcule la valeur $\Delta\theta$ correspondant à l'expérience, on trouve qu'elle est inférieure à la limite de sensibilité du galvanomètre.

Expériences de M. Joule. — M. Joule (1) a résolu la question en se servant d'un appareil qui lui permettait d'employer des pressions beaucoup plus considérables, et d'amplifier les déviations du galvanomètre par une méthode de multiplication. Le liquide soumis à l'expérience était renfermé dans un

p, v, t, deux seulement sont indépendantes ; la troisième est liée aux deux premières par la relation

$$f(p, v, \theta) = 0.$$

De cette équation, ou tire :

$$\frac{df}{dp}\,dp + \frac{df}{dv}\,dv + \frac{df}{d\theta}\,d\theta = 0.$$

En supposant que l'on donne successivement une valeur constante à chacune des variables, les dérivées partielles $\dfrac{dv}{d\theta}$, $\dfrac{dv}{dp}$, $\dfrac{dp}{d\theta}$ sont données par

$$\frac{dv}{d\theta} = -\frac{\dfrac{df}{d\theta}}{\dfrac{df}{dv}}$$

$$\frac{dv}{dp} = -\frac{\dfrac{df}{dp}}{\dfrac{df}{dv}}$$

$$\frac{dp}{d\theta} = -\frac{\dfrac{df}{d\theta}}{\dfrac{df}{dp}}$$

d'où

$$\frac{dv}{dp}\cdot\frac{dp}{d\theta} = \frac{\dfrac{df}{dp}\,\dfrac{df}{d\theta}}{\dfrac{df}{dv}\,\dfrac{df}{dp}} = \frac{\dfrac{df}{d\theta}}{\dfrac{df}{dv}} = -\frac{dv}{d\theta}$$

(1) Joule. — Phil. Trans. t. CXLIX, p. 133, 1859. — Mémoires de Joule (Soc. Phys. de Londres), t. I ; p. 474.

vase de cuivre de 30 centimètres de haut sur 10 centimètres de large ; ce piézomètre communiquait à sa partie supérieure avec un cylindre de 35 millimètres de diamètre intérieur, fermé par un piston qu'on chargeait de poids à volonté. Les variations de température étaient données par une soudure thermoélectrique fer-cuivre, placée au centre du vase. Le galvanomètre était à aiguille astatique ; on augmentait encore sa sensibilité en disposant à quelque distance de l'aiguille un aimant agissant en sens contraire de l'action terrestre ; on rendait d'ailleurs cette sensibilité aussi grande que l'on voulait en modifiant la résistance du circuit du galvanomètre. L'influence perturbatrice des courants d'air était évitée par une disposition qui permettait de faire le vide dans la cloche du galvanomètre. Enfin M. Joule opérait de façon à amplifier les déviations de l'aiguille ; chaque fois que dans ses oscillations l'aiguille repassait au zéro, on produisait une nouvelle compression de façon à augmenter l'effet thermique.

Avant de donner les résultats des expériences de M. Joule, nous parlerons de quelques corrections dont le célèbre physicien anglais a cru devoir s'occuper. La déviation du galvanomètre pouvait être due, non seulement à l'échauffement du liquide comprimé, mais aussi à une variation des propriétés thermoélectriques de la soudure sous l'influence de la pression. M. Joule s'est assuré qu'il n'en était rien (1).

De plus, la compression du liquide produisait une dilatation de l'enveloppe de cuivre, laquelle est accompagnée d'un phénomène thermique. M. Joule montra que ce phénomène accessoire ne pouvait fausser les résultats qu'il obtenait. Pour

(1) Voir Verdet, *Théorie mécanique de la chaleur*, t. I, p. 210.

cela, il chauffa brusquement l'enveloppe et chercha le temps nécessaire pour que la perturbation thermique qui en résultait arrivât au centre où était placée la soudure. Il fallait pour cela un temps très considérable, beaucoup plus long que celui qui était nécessaire aux mesures.

Résultats. — M. Joule a opéré successivement sur l'eau et sur l'huile de baleine.

Pour l'eau, la pression Δp avait une valeur égale à 26 kil. 19 par centimètre carré. Le tableau suivant donne, pour chacune des valeurs de θ, les valeurs de $\Delta\theta$ observées et calculées d'après la formule (5).

θ INITIAL DU LIQUIDE	$\Delta\theta$ OBSERVÉ	$\Delta\theta$ CALCULÉ
1°,20	— 0°,0083	— 0°,0071
5°, »	+ 0°,0044	+ 0°,0021
11°,69	+ 0°,0205	+ 0°,0197
30°, »	+ 0°,0544	+ 0°,0563

Les nombres obtenus vont en croissant à mesure que la température s'élève; on s'en rend aisément compte, en remarquant que l'eau est de plus en plus dilatable quand la température s'élève ; par suite $\dfrac{dv}{d\theta}$ va en croissant avec θ.

M. Joule a exécuté une autre série d'expériences sur l'huile de baleine; pour la même pression $\Delta p = 26^k, 19$ par centimètre carré, il a obtenu

θ INITIAL DU LIQUIDE	$\Delta\theta$ OBSERVÉ	$\Delta\theta$ CALCULÉ
16°,27	0°,2633	0°,2837

Les variations de température produites par la compression sont d'autant plus grandes que les corps sont plus dilatables ; elles ont donc leur plus grande valeur pour les gaz réels, ou encore pour les liquides comprimés.

Cas des solides; traction. — Les formules (1) et (2) (page 100) sont applicables à tous les corps. Nous avons vu comment on pouvait comparer l'expérience à la théorie dans le cas des liquides. Il n'en est pas de même des solides ; les formules (1) et (2) s'appliquent bien à chaque élément de volume du corps solide ; mais on ne peut les étendre à la masse totale, car on ignore absolument quelle est la loi qui relie la pression et le volume du corps, loi qui probablement est variable avec la position de l'élément dans la masse du solide.

Nous allons toutefois traiter un cas particulier accessible à l'expérience. Soit un fil d'une matière solide extensible, de forme cylindrique. Supposons qu'on y suspende des poids variables, de façon à changer la traction à laquelle il est soumis. Soit x la longueur du fil qui pèse l'unité de poids. Lorsque la traction varie de Δp, le fil s'allonge de Δx, et sa température varie de $\Delta\theta$. Prenons comme variables indépendantes la longueur x et la température θ. Pendant l'allongement une quantité de chaleur dQ est absorbée.

On a :
$$dQ = cd\theta + ldx$$

c étant la chaleur spécifique du fil à longueur constante, l la chaleur latente d'élongation du fil. D'ailleurs $d\tau = -pdx$.

Les valeurs de $d\tau$ et de dQ sont comparables aux formules établies précédemment (Voir page 100). Il suffit d'y changer v en x et p en $-p$. L'application des deux principes nous donne alors :

$$(1) \qquad \frac{dp}{d\theta} = E\left(\frac{dl}{d\theta} - \frac{dc}{dx}\right)$$

et
$$(2) \qquad l = \theta\left(\frac{dl}{d\theta} - \frac{dc}{dx}\right).$$

Ces équations combinées nous donnent une équation analogue à l'équation de Clapeyron :

$$l = -\frac{\theta}{E}\frac{dp}{d\theta}.$$

Les résultats relatifs au signe de l sont les mêmes que ceux établis précédemment. On peut encore les résumer dans une loi analogue à la loi de Lenz. Les fils métalliques s'allongent toujours sous l'action de la chaleur. Lorsqu'on les étire de façon à les allonger, le phénomène thermique qui se produit est tel qu'il tende à s'opposer à la continuation de l'action mécanique ; donc le fil se refroidit.

Le caoutchouc noir convenablement tendu présente une propriété contraire : lorsqu'on l'échauffe, il se raccourcit ; le phénomène thermique qui accompagne la traction est donc un échauffement. En se raccourcissant, le caoutchouc noir se refroidit.

Ces conséquences théoriques ont été vérifiées expérimentalement par M. Joule (1). Il a opéré sur des barres de différentes substances (fer, acier, fonte, cuivre, plomb, guttapercha, bois divers), avec un dispositif analogue à celui que nous avons décrit à propos des expériences de M. Edlund. Il a fait aussi de nombreuses expériences pour vérifier les phénomènes particuliers présentés par le caoutchouc noir, et qui avaient été signalés pour la première fois par Gough (2).

APPLICATION AU MAGNÉTISME

Variation de l'aimantation avec la température. — Soient une aiguille aimantée, λ la distance de ses pôles, m la quantité de magnétisme que possède chacun d'eux. Le moment magnétique de l'aiguille est $m\lambda$. Si l'on désigne par H la composante horizontale du champ magnétique terrestre, le moment du couple qui tend à orienter l'aiguille dans un plan horizontal est $Hm\lambda$. Si la ligne des pôles fait un angle α avec le plan du méridien magnétique MM', le moment du couple directeur est $Hm\lambda \sin \alpha$.

Divers physiciens parmi lesquels il faut citer Gilbert (1600), Coulomb (1806), Kuppfer (1825), et plus récemment Rowland (1874),

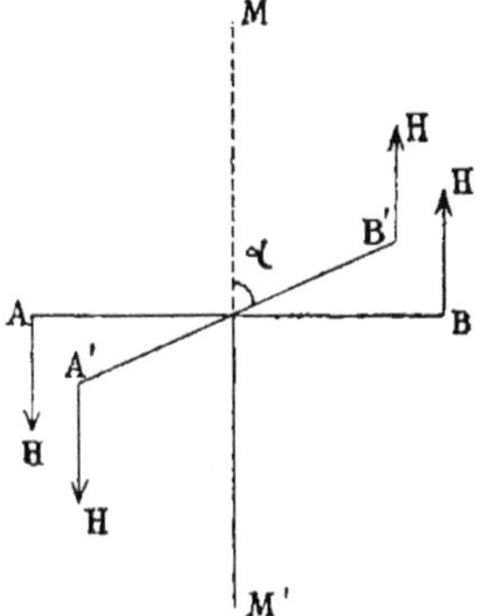

(1) Joule — *Philosophical Transactions.* — Année 1859. t. CXLIX, p. 1859, et *Mémoires de la Société de Physique de Londres*, t. I, p. 413.
(2) Gough. *Journal de Nicholson*, t. XIII, p. 305.

Gaugain (1878) (1), Berson (1886) (2) ont observé que si la température varie entre certaines limites, l'aimantation varie aussi.

La quantité de magnétisme prise par un barreau aimanté est donc fonction de sa température.

Machine thermomagnétique. — Ces variations d'aimantation sont d'ailleurs assez intenses pour qu'on puisse construire une machine thermomagnétique où l'on recueille du travail en utilisant l'action de la chaleur sur les aimants.

On s'appuie pour cela sur ce fait que le magnétisme d'un barreau d'acier diminue, quand on élève sa température. Ceci étant, soit un aimant à la température ambiante θ ; la ligne de ses pôles fait primitivement un angle α avec le plan du méridien magnétique; l'aimant revient à sa position d'équilibre, sous l'influence des forces magnétiques, en produisant un travail τ. — Chauffons le barreau à la température T ; la quantité de magnétisme du barreau diminue ; le couple directeur à vaincre, pour imprimer au barreau la déviation primitive α, est inférieur au couple directeur de la première expérience ; pour reproduire cette déviation α, il faudra donc dépenser un travail $\tau' < \tau$. En résumé, dans cette opération on a recueilli un travail $\tau - \tau'$ positif.

On peut associer un certain nombre de barreaux aimantés, de manière à produire une rotation continue. L'action de la terre est alors remplacée par l'action d'un gros aimant, dont le pôle austral est figuré en A (à gauche de la figure), et le

(1) Gaugain. — *Sur les variations que subit l'aimantation d'un barreau d'acier quand on fait varier sa température. (Journal de Physique.* — Année 1878, 1re série, t. VII, p. 186).

(2) Berson. — *Thèse. Ann. de Ch. et Phys.* 6e série, t. VIII, p. 433.

pôle boréal en B (à droite de la figure). Les aimants dont on fait varier la température sont portés par un disque mobile autour de son centre; ils sont figurés en *ab*. Si tous les aimants sont à la même température, dans la position de la figure, l'action répulsive du pôle A sur les pôles *a* sera annulée par

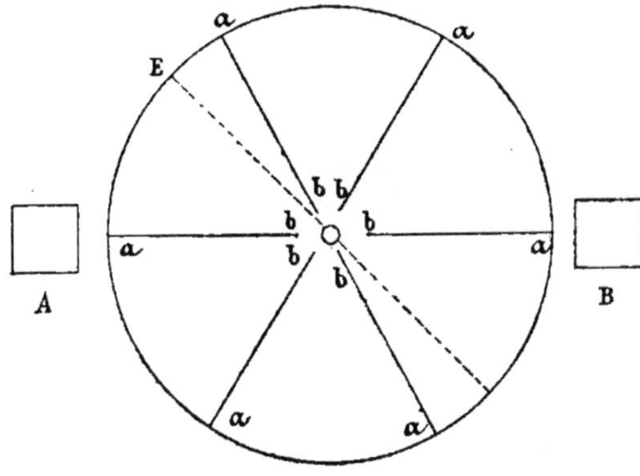

la résistance de l'axe fixe O ; il en est de même pour l'action attractive de A sur les pôles *b*, de B sur les pôles *a*, et pour l'action répulsive de B sur les pôles *b*. Mais si l'on vient à placer une flamme en E, l'action de la chaleur aura pour effet de diminuer le magnétisme des barreaux échauffés ; donc l'action répulsive de A sur le pôle *a* chaud sera affaiblie ; le disque se mettra à tourner dans le sens de E vers A.

Le nombre des aimants *ab* est d'ailleurs quelconque ; il peut être infini, ce qui revient à prendre un disque d'acier continu aimanté radialement.

Moteur thermomagnétique d'Édison. — M. Edison a construit un moteur thermomagnétique en remplaçant les aimants permanents employés plus haut par du fer doux. Ce moteur consiste en un aimant permanent entre les pôles duquel est disposé un faisceau de petits tubes de fer mince et

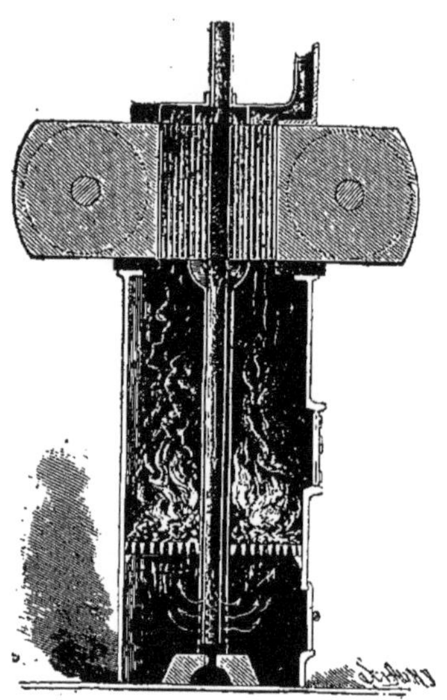

pouvant tourner sur un axe perpendiculaire au plan de l'aimant. A l'aide d'un dispositif convenable, tel qu'une soufflerie ou un aspirateur, de l'air chaud est lancé à travers ces tubes de manière à ce qu'ils puissent être portés au rouge. Un écran plan, placé symétriquement en travers de la face de ce faisceau de tubes, et le recouvrant à moitié, empêche l'air chaud de traverser les tubes qu'il obture. Si les extrémités de l'écran sont équidistantes des deux branches de l'aimant, le faisceau de tubes ne pourra tourner sur son axe, puisque les portions plus froides et magnétiques de ce faisceau, obturées par l'écran, sont également attirées des deux côtés. Mais s'il y a dissymétrie dans la position de l'écran, la rotation du faisceau s'ensuivra, puisque la partie obturée du faisceau plus froide et par suite aimantée, sera attirée plus fortement que la partie chauffée. Dans ce moteur, l'aimant permanent est remplacé par un électro-aimant actionné par un courant exté-

rieur ; de plus, l'air nécessaire à la combustion du foyer traverse d'abord les tubes obturés par l'écran, contribue à les refroidir, et arrive déjà chaud dans le foyer. Le moteur thermomagnétique de M. Édison n'est, en somme, qu'une machine thermique.

Application des principes. — L'influence de la température sur l'aimantation étant ainsi constatée, appliquons à
l'étude de ce phénomène les principes de la Thermodynamique.

Soit un *barreau de fer doux* MM', placé dans un champ magnétique uniforme H, dirigé suivant MM'. Amenons le barreau
dans la position AB, qui fait un angle α avec MM'.

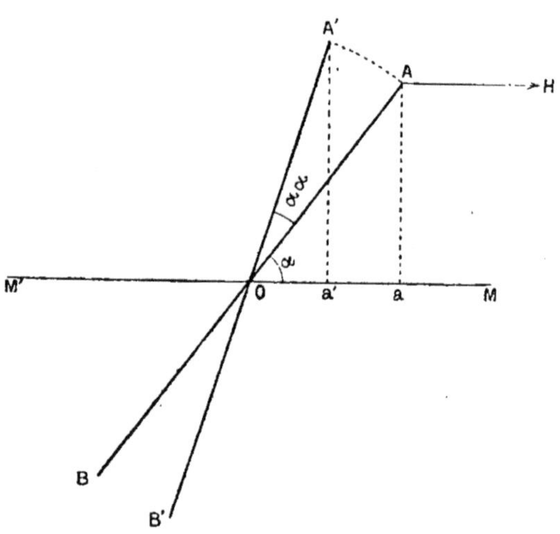

Dans la position AB, la direction d'aimantation du barreau
de fer doux, est toujours celle du champ magnétisant H. Au
contraire dans le cas d'un barreau aimanté permanent, la
direction de l'aimantation garde sa position dans le barreau
quelle que soit son orientation. On ramène le cas du barreau
de fer doux au cas de l'aimant permanent, en ne faisant
intervenir dans l'expression du moment magnétique que la
composante de l'intensité d'aimantation dirigée suivant AB.
Le moment magnétique, développé par influence, est alors
$KH\lambda S\cos\alpha$, en désignant par K le coefficient d'aimantation,

par λ la distance des pôles, et par S la section du barreau. Nous savons que K est une fonction de la température. Le travail élémentaire $d\tau$, effectué lorsque le barreau tourne d'un angle $d\alpha$, a pour expression

$$d\tau = \text{KHS} \cos\alpha \times aa'$$

$$= \text{KHS} \cos\alpha \times d\,(\lambda \cos\alpha)$$

$$= - \text{KHS}\lambda \cos\alpha \sin\alpha \, d\alpha.$$

D'ailleurs, la quantité de chaleur mise en jeu est :

$$dQ = cd\theta + ld\alpha$$

c étant la chaleur spécifique du barreau à déviation constante ; l la quantité de chaleur à fournir à l'aiguille, pour la faire dévier d'un angle égal à l'unité en maintenant sa température constante. Donc

$$d\text{U} = d\tau - \text{E}dQ = - \text{KHS}\lambda \cos\alpha \sin\alpha \, d\alpha - \text{E}\,(cd\theta + ld\alpha)$$

ou $\qquad d\text{U} = - \text{E}cd\theta - (\text{KHS}\lambda \cos\alpha \sin\alpha + \text{E}l)\,d\alpha$

Le principe de l'équivalence donne :

$$\frac{d(\text{E}c)}{d\alpha} = \frac{d}{d\theta}\,(\text{KHS}\lambda \cos\alpha \sin\alpha + \text{E}l)$$

ou $\qquad \text{E}\,\dfrac{dc}{d\alpha} = \lambda\text{HS}\cos\alpha \sin\alpha\,\dfrac{d\text{K}}{d\theta} + \text{E}\,\dfrac{dl}{d\theta}$

ou $\qquad (1) \qquad \text{E}\left(\dfrac{dl}{d\theta} - \dfrac{dc}{d\alpha}\right) = - \lambda\text{HS}\cos\alpha \sin\alpha\,\dfrac{d\text{K}}{d\theta}.$

D'autre part, le principe de Carnot, en écrivant que

$$\frac{dQ}{\theta} = \frac{c}{\theta}\, d\theta + \frac{l}{\theta}\, dx$$

est une différentielle exacte, donne :

$$\frac{dc}{dx} = \frac{dl}{d\theta} - \frac{l}{\theta}$$

ou   (2) $$\frac{l}{\theta} = \frac{dl}{d\theta} - \frac{dc}{dx}.$$

En combinant (1) et (2), il vient :

$$\frac{E l}{\theta} = -\, \lambda HS \cos\alpha \sin\alpha \frac{dK}{d\theta}$$

ou   (3) $$l = -\, \frac{\lambda\theta HS}{E} \cos\alpha \sin\alpha \frac{dK}{d\theta}.$$

Or, μ étant la *perméabilité magnétique*, on a :

$$\mu = 1 + 4\pi K$$

d'où

$$\frac{dK}{d\theta} = \frac{1}{4\pi} \frac{d\mu}{d\theta}.$$

L'équation (3) devient :

$$l = -\, \frac{\lambda\theta HS}{8\pi E} \sin 2\alpha \frac{d\mu}{d\theta}.$$

Les expériences de MM. Berson et Rowland pour le nickel, et de M. Ledeboer pour le fer, ont montré que $\frac{d\mu}{d\theta}$ n'est pas nul dans de grands intervalles de température. En particulier pour le fer, de 0 à 680°, la perméabilité magnétique μ croît très lentement de $\frac{1}{50^e}$ par cent degrés ; $\frac{d\mu}{d\theta}$ dans cet intervalle est positif et l négatif. Au-delà de 600° à 770°, la perméabilité décroît très rapidement jusqu'à zéro ; $\frac{d\mu}{d\theta}$ est alors négatif et l positif.

Si l'on fait dévier, à chaleur constante, un barreau de fer doux, on a :

$$cd\theta + ld\alpha = 0$$

d'où

$$d\theta = -\frac{l}{c}\,d\alpha.$$

Donc, α étant compris entre o et $\frac{\pi}{2}$, et la température comprise entre 680 et 770° (l est alors positif), pour $d\alpha > 0$, le barreau se refroidit ($d\theta < 0$). Si au contraire $d\alpha < 0$, le barreau s'échauffe.

On n'a pas à considérer les déviations $\alpha > \pi$. Car le barreau de fer doux se retrouve dans une position symétrique par rapport au champ magnétique.

Il est à remarquer que, dans le cas actuel, la variation de température est encore telle qu'elle s'oppose à la continuation de l'action mécanique.

APPLICATION A LA CAPILLARITÉ

Influence des variations de température sur les phénomènes capillaires. — Nous supposerons connue l'équation qui donne le travail des forces capillaires. On sait que la surface d'un liquide agit toujours comme une membrane tendue. Pour accroître la surface de dS, il faut vaincre la résistance des forces capillaires. Le travail élémentaire à effectuer est donné par l'équation de Gauss.

$$d\tau = -\, AdS.$$

La quantité A est la *constante capillaire*. Ce coefficient varie avec la température. Les conditions du phénomène dépendent donc de deux variables indépendantes S et θ, de sorte que l'on peut poser

$$dQ = cd\theta + ldS$$

c serait la chaleur spécifique à fournir au liquide pour élever sa température de $1°$ en maintenant sa surface constante; l serait la quantité de chaleur à fournir à l'unité de poids du liquide pour augmenter la surface d'une quantité égale à l'unité de surface.

Alors
$$dU = d\tau - EdQ = -\, AdS - EdQ,$$

d'où
$$dU = -\, (A + El)dS - Ecd\theta.$$

Le principe de l'équivalence donne :

$$(1) \qquad \frac{d(A + lE)}{d\theta} = \frac{d(Ec)}{dS}.$$

Le principe de Carnot donne :

$$(2) \qquad \frac{d\left(\dfrac{c}{\theta}\right)}{dS} = \frac{d\left(\dfrac{l}{\theta}\right)}{d\theta}.$$

En combinant ces deux équations, on arrive à un résultat analogue à l'équation de Clapeyron :

$$l = - \frac{\theta}{E} \frac{dA}{d\theta}.$$

M. Wolf (1) a constaté qu'en général la constante capillaire va en décroissant lorsque la température s'élève. Donc $dA < 0$. Donc l est > 0. Il en résulte que si on ne fournit pas de chaleur à un liquide dont on fait croître la surface libre, sa température s'abaisse, car on a alors

$$\Delta\theta = - \frac{l}{c} \Delta S.$$

Pour l'eau, M. Wolf a trouvé que $A = 0,007$ et diminue de $\frac{1}{550}$ de sa valeur par degré. Donc $\frac{dA}{dt} = \frac{0.007}{550}$. Il en résulte que, si l'on fait varier la forme d'une surface d'eau de façon à produire un accroissement de surface de 1 mètre carré, on a une absorption de chaleur de $\frac{1}{100000}$ de calorie environ.

APPLICATION DES PRINCIPES DE LA THERMODYNAMIQUE A L'ÉTUDE DES GAZ

Définition des gaz parfaits. — Les gaz parfaits n'ont aucune existence réelle. On les définit en supposant qu'ils obéissent aux lois de Mariotte et de Gay-Lussac ; leur volume,

(1) *Ann. de Ch. et de Phys.*, 3ᵉ série, t. XLIX, p. 230 ; 1857.

leur pression et leur température sont donc des grandeurs reliées par la formule

$$(1) \qquad pv = p_0 v_0 \, (1 + \alpha t).$$

On définit les températures en appliquant cette formule à
l'air, t étant la température centigrade. D'après les expériences de Regnault, pour les gaz dont les propriétés se rapprochent de celles des gaz parfaits, la chaleur spécifique à
pression constante C est sensiblement constante ; d'après de
récentes expériences de MM. Mallard et Le Châtelier (1) et de
MM. Berthelot et Vieille (2), cette quantité serait susceptible
de varier, mais, dans tous les cas, cette variation est très
faible. Quant à la chaleur spécifique sous volume constant,
elle n'a été déterminée qu'indirectement et dans des limites
assez restreintes de pression et de température. On admet,
plutôt qu'on ne démontre, que cette quantité c est constante.

En résumé, on a attribué aux gaz parfaits les propriétés suivantes :

1° Ils obéissent à la formule :

$$pv = p_0 v_0 \, (1 + \alpha t).$$

2° C et c sont des constantes.

A ces propriétés, on peut en ajouter une autre qui résulte
d'une expérience de Joule.

Un vase A étant plein de gaz, si on le fait communiquer

(1) *Recherches expérimentales et théoriques sur la combustion des mélanges gazeux explosifs.* — 1883.
(2) *Ann. de Ch. et de Phys.*, 6° série, t. IV ; p. 18 ; 1885.

avec un autre vase A′ dans lequel on a fait le vide, on n'observe pas de variation notable
dans la température du gaz. —
Si on considère comme nulle
cette variation de température,
on pourra encore considérer
cette propriété comme caractéristique des gaz parfaits.

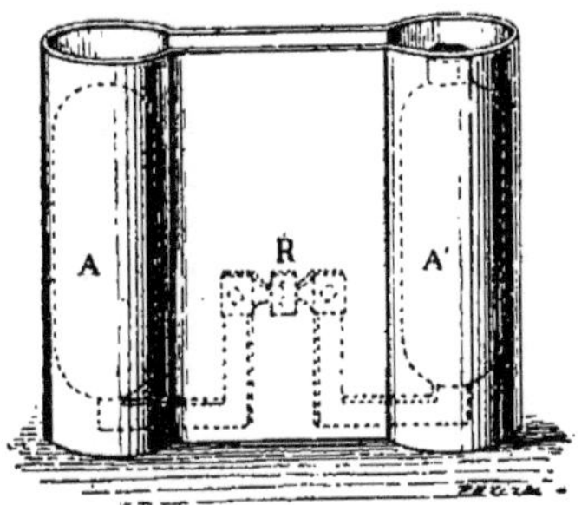

Comme on le voit, les gaz
parfaits n'ayant aucune existence réelle, on peut les définir
par telle propriété que l'on veut ; c'est une simple question
de définition.

Application des principes. — Admettons actuellement
que les gaz parfaits sont définis par la formule (1) et appliquons leur les principes de la Thermodynamique.

Formons
$$dU = d\tau - EdQ.$$

Or
$$dQ = cdt + ldv$$

$$d\tau = pdv$$

donc
$$dU = (p - El)dv - Ecdt.$$

Or, nous avons établi la formule générale (page 85)

$$l = \frac{C - c}{\dfrac{dv}{dt}}.$$

Dans le cas des gaz parfaits, on a en différenciant la formule (1)

$$p\frac{dv}{dt} = p_0 v_0 \alpha$$

d'où
$$l = \frac{C - c}{p_0 v_0 \alpha}\, p.$$

et
$$dU = p \left(1 - E \frac{C - c}{p_0 v_0 \alpha}\right) dv - E c\, dt.$$

La condition d'intégrabilité qui exprime le principe de l'équivalence est

$$\left(1 - E \frac{C - c}{p_0 v_0 \alpha}\right) \frac{dp}{dt} = - E \frac{dc}{dv}.$$

Si l'on admet que c est indépendant du volume v occupé par l'unité de poids du gaz, on a $\dfrac{dc}{dv} = 0$; donc

$$1 = E \frac{C - c}{p_0 v_0 \alpha}$$

ou
$$E = \frac{p_0 v_0 \alpha}{C - c}.$$

Nous avons déjà trouvé cette formule (page 27) en admettant que le travail intérieur dans la dilatation du gaz était nul. On voit ici qu'elle exprime la condition pour que c soit indépendant de v.

Appliquons maintenant le principe de Carnot. Nous aurons

$$\frac{dQ}{\theta} = \frac{c}{\theta}\, dt + \frac{l}{\theta}\, dv.$$

Or
$$\theta = \frac{1}{\alpha} + t = \frac{1 + \alpha t}{\alpha}$$

$$l = \frac{C - c}{p_0 v_0 \alpha}\, p, \qquad p = \frac{p_0 v_0 (1 + \alpha t)}{v}$$

d'où
$$\frac{l}{\theta} = \frac{C - c}{v}$$

donc
$$\frac{dQ}{\theta} = \frac{c\alpha}{1 + \alpha t}\, dt + \frac{C - c}{v}\, dv.$$

Le principe de Carnot donne alors la condition

$$\frac{d\left(\dfrac{c\alpha}{1 + \alpha t}\right)}{dv} = \frac{d\left(\dfrac{C - c}{v}\right)}{dt}$$

ou
$$\frac{\alpha}{1 + \alpha t}\frac{dc}{dv} = \frac{1}{v}\frac{d\,(C - c)}{dt};$$

or
$$\frac{dc}{dv} = 0.$$

Donc
$$\frac{d\,(C - c)}{dt} = 0.$$

Il faut que $C - c$ soit indépendant de la température.

C'est là un résultat que nous avons vérifié par l'expérience.
Les principes de la Thermodynamique nous apprennent qu'il
est une conséquence de la définition des gaz parfaits par la formule (1) et de la condition $\dfrac{dc}{dv} = 0$.

Les résultats théoriques auxquels nous venons d'arriver
peuvent être soumis au contrôle de l'expérience. On a trouvé

$$dU = p\left(1 - E\frac{C - c}{p_0 v_0 \alpha}\right) dv - Ec\, dt.$$

Mais si l'on suppose C constant pour les gaz parfaits (c indépendant du volume v occupé par l'unité de poids du gaz

ou $\dfrac{dc}{dv} = 0$), le principe de l'équivalence donne

$$1 - \mathrm{E}\,\frac{C - c}{p_0 v_0 \alpha} = 0.$$

$$d\mathrm{U} = -\,\mathrm{E}c\,dt,$$

on pour une variation finie,

$$\Delta\mathrm{U} = \mathrm{E}c\,(t_1 - t_2)$$

t_1 étant la température initiale, t_2 la température finale. Si la transformation a lieu sans que le gaz ait à surmonter de travail extérieur et sans qu'il y ait variation de chaleur, on a :

$$d\mathrm{U} = d\mathfrak{T} - \mathrm{E}d\mathrm{Q} = 0,$$

car $\qquad\qquad d\mathfrak{T} = 0 \qquad$ et $\qquad d\mathrm{Q} = 0.$

Donc : $\qquad\qquad \Delta\mathrm{U} = \mathrm{E}c\,(t_1 - t_2) = 0$

d'où $\qquad\qquad\qquad t_1 = t_2.$

La transformation se fait alors sans variation de température. C'est comme nous l'avons vu le résultat auquel était arrivé M. Joule.

En réalité, si l'on fait l'expérience avec un soin suffisant en opérant sur des gaz réels, on observe une variation de température ; par conséquent les gaz réels ne satisfont pas rigoureusement à toutes les conditions imposées aux gaz parfaits.

En résumé, nous conviendrons qu'un gaz parfait est un gaz qui obéit rigoureusement à la formule

$$\frac{pv}{1 + \alpha t} = p_0 v_0.$$

Nous avons démontré qu'alors c et $C - c$ étaient des constantes.

Transformations que peuvent subir des gaz parfaits. — Les gaz parfaits peuvent être soumis à deux séries de transformations remarquables.

1° *Transformations à température constante ou isothermiques.* — Le point représentatif décrit une courbe qui es représentée par l'équation $pv = p_0 v_0.(1 + \alpha t)$, où p_0, v_0, α, t sont des constantes.

Les lignes isothermes sont donc des hyperboles équilatères qui admettent les axes de coordonnées pour asymptotes.

2° *Transformations sans variation de chaleur ou adiabatiques.*

On a :
$$dQ = c\,dt + l\,dv = 0$$

ou encore
$$\frac{dQ}{\theta} = \frac{c}{273 + t}\,dt + \frac{C - c}{v}\,dv = 0,$$

car
$$\alpha = \frac{1}{273} \quad \text{et} \quad \frac{l}{\theta} = \frac{C - c}{v} \quad \text{(page 125)}.$$

On en déduit en intégrant :
$$c\,L(273 + t) + (C - c)\,Lv = C^{te}.$$

Pour $t = t_0$ et $v = v_0$ on a :
$$cL(273 + t_0) + (C - c)\,Lv_0 = C^{te},$$

d'où, en posant $\theta = 273 + t$ et retranchant
$$L\frac{\theta}{\theta_0} + \frac{C - c}{c}\,L\frac{v}{v_0} = 0,$$

ou
$$\frac{\theta}{\theta_0}\left(\frac{v}{v_0}\right)^{\frac{C-c}{c}} = 1$$

ou encore
$$\theta v^{\frac{C-c}{c}} = \theta_0\, v_0^{\frac{C-c}{c}}$$

or
$$\frac{pv}{\theta} = \frac{p_0 v_0}{\theta_0}$$

d'où
$$\frac{pv}{p_0 v_0} \frac{v^{\frac{C}{c}-1}}{v_0^{\frac{C}{c}-1}} = 1$$

ou
$$pv^{\frac{C}{c}} = p_0 v_0^{\frac{C}{c}}.$$

Ce qui signifie que :

$$pv^{\frac{C}{c}} = \mathrm{C^{te}}.$$

C'est l'équation des lignes adiabatiques.

Détermination de $\frac{C}{c}$. — L'équation des lignes adiabatiques étant $pv^{\frac{C}{c}} = \mathrm{C^{te}}$, la construction de ces lignes exige la
connaissance du rapport $\frac{C}{c}$. La détermination expérimentale
de ce rapport a été faite de deux façons différentes : 1° par
une méthode due à Clément et Desormes ; 2° par la mesure
de la vitesse du son.

Méthode de Clément et Desormes. — Nous n'entrerons
pas dans les détails expérimentaux de la méthode de Clément

et Desormes. Les calculs qu'elle nécessite supposent généralement les lois de Mariotte et de Gay-Lussac vérifiées pour le gaz sur lequel on expérimente. Nous exposerons ici une méthode de calcul due à M. Moutier qui ne suppose pas qu'on connaisse la loi de dilatation du gaz.

Supposons qu'une masse, soit de gaz, soit d'un fluide quelconque, soit enfermée dans un ballon de volume invariable. On produit une variation de pression δp, il en résulte pour le gaz une variation de température δt. Comme la transformation a lieu adiabatiquement, on a

$$dQ = C\delta t + h\delta p = 0,$$

d'où
$$\delta t = -\frac{h}{C}\,\delta p.$$

D'ailleurs, on a les relations fondamentales :

$$dQ = Cdt + hdp$$

$$dQ = cdt + ldv,$$

comme
$$dp = \frac{dp}{dt}\,dt + \frac{dp}{dv}\,dv$$

on en déduit $\quad dQ = \left(C + h\frac{dp}{dt}\right)dt + h\frac{dp}{dv}\,dv = cdt + ldv$

d'où
$$C - c = -h\frac{dp}{dt};$$

par suite,   (1) $\dfrac{dp}{dt}\,\delta t = \dfrac{C - c}{C}\,\delta p.$

On pourrait mesurer δt directement avec un thermomètre ; mais cette mesure serait très difficile et très incertaine. Il est préférable de mesurer la variation de pression correspondant à δt. On laisse le gaz se refroidir à volume constant, de façon qu'il revienne à sa température initiale; on observe la variation de pression correspondante $\delta'p$. Si la variation était infiniment petite, on aurait :

$$dp = \frac{dp}{dt}\,dt,$$

car $dv = 0$. La variation étant très petite en réalité, on peut écrire :

$$\delta'p = \frac{dp}{dt}\,\delta t.$$

On en tire finalement par comparaison avec l'équation (1).

$$(2) \qquad \delta'p = \frac{C - c}{C}\,\delta p.$$

Le raisonnement qui nous a conduit à cette formule est général ; par conséquent, théoriquement au moins, on peut appliquer la méthode de Clément et Desormes à un corps quelconque solide ou liquide. Au point de vue pratique, il est complètement impossible d'appliquer cette méthode aux solides ou aux liquides. Avec ces corps, en effet, pour produire une faible variation de température, il faut des variations de pression considérables ; mais alors la variation de température est trop petite (voir p. 105 et suivantes). D'ailleurs, il est impossible de soumettre un liquide à une forte pression sans que le phénomène thermique observé ne se complique du phénomène thermique résultant de la variation du volume de l'enveloppe.

On n'applique donc la méthode de Clément et Desormes qu'aux gaz. Il faut, pour opérer dans les meilleures conditions possibles, que δp et δt soient des quantités très petites ; on diminue ainsi les causes d'erreur et on n'a pas à tenir compte de la perte de chaleur due au refroidissement.

La détermination expérimentale du rapport $\dfrac{C}{c}$ par la méthode de Clément et Desormes, réalisée d'abord par les auteurs de la méthode (1), a été reprise depuis par Gay-Lussac, Masson, etc.

Expériences de Röntgen. — Röntgen (2) en 1868 a perfectionné le procédé expérimental de façon à éliminer les diverses causes d'erreur signalées par ses devanciers ; pour cela il s'est placé dans des conditions où δp est très petit. Le ballon de Clément et Desormes est remplacé par un ballon de très grande capacité. Les variations de pression sont mesurées par un manomètre métallique très sensible. Les déplacements de la plaque du manomètre sont amplifiés à l'aide d'un levier multiplicateur muni d'un petit miroir.

De plus, la masse de la plaque étant très faible et l'amplitude de son mouvement très restreinte, sa force vive est très petite ; dans ce cas, on n'a pas à craindre des oscillations prolongées comme cela se produit avec les colonnes liquides.

----

(1) « *Détermination expérimentale du zéro absolu de la chaleur et du calorique spécifique des gaz* », par Desormes et Clément, manufacturiers. — *Journal de physique, chimie et histoire naturelle.* Ducrotay de Blainville, t. VIII. 1819..

(2) Röntgen. *Pogg. Ann.*, t. CXLVIII, p. 580.

On se trouve donc en possession de méthodes qui permettent de déterminer $\dfrac{C}{c}$.

Conséquences. — Si l'on admet que, dans les limites de température des expériences de Regnault, C est constant par rapport à la température et à la pression, si de plus on admet d'après les expériences de Clément et Desormes que $\dfrac{C}{c}$ soit constant (dans des limites beaucoup plus restreintes), il en résulte que c est constant. C'est là une propriété très importante à deux points de vue.

1° Les corps pour lesquels la chaleur spécifique sous volume constant c est constante, peuvent servir à mesurer les températures absolues. En effet, de ce que c est constant on en déduit (page 124) que $\dfrac{dc}{dv} = 0$. Or on a établi (page 101) les formules

$$(1) \qquad \frac{dp}{d\theta} = E\left(\frac{dl}{d\theta} - \frac{dc}{dv}\right)$$

$$(3) \qquad l = \frac{\theta}{E}\frac{dp}{d\theta}.$$

Puisque $\dfrac{dc}{dv} = 0$ la formule (1) se réduit à

$$(1)\,bis \qquad \frac{dp}{d\theta} = E\frac{dl}{d\theta}.$$

Or de (3) on tire :

$$\frac{dl}{d\theta} = \frac{1}{E}\left(\frac{dp}{d\theta} + \theta\frac{d^2p}{d\theta^2}\right)$$

d'où en portant dans (1) *bis* :

$$\frac{dp}{d\theta} = \frac{dp}{d\theta} + \theta\,\frac{d^2p}{d\theta^2}$$

ou encore
$$\frac{d^2p}{d\theta^2} = 0.$$

Donc
$$\frac{dp}{d\theta} = a,$$

a étant une constante indépendante de la température. Il en résulte que l'on a

$$p = a\theta + b,$$

b étant une constante arbitraire que l'on peut supposer nulle.

Alors
$$p = a\theta.$$

Donc, si avec un corps (quel que soit d'ailleurs son état physique, solide, liquide ou gaz) qui satisfait à la relation $\frac{dc}{dv} = 0$, on construit un thermomètre à volume constant, les indications de ce thermomètre (pressions) seront proportionnelles aux températures absolues.

2°. Une seconde propriété des corps pour lesquels $\frac{dc}{dv} = 0$ est de pouvoir servir au fonctionnement de machines que l'on rend parfaites par l'adjonction d'un régénérateur de Stirling. Telles sont les machines de Stirling et d'Ericcson.

Machine de Stirling. — Le cycle de Stirling se compose de deux isothermes reliées par deux droites parallèles à l'axe des pressions. De A en B, le gaz est échauffé à volume constant de la température t_2 à la température t_1 ; de B en C, on laisse le gaz se détendre à température constante ; de C en D, il se refroidit à volume constant de t_1 à t_2 ; enfin de D en A,

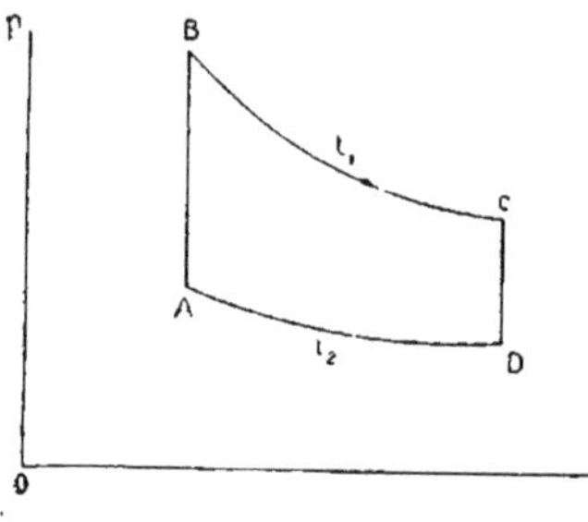

on le comprime à température constante pour le ramener à son état initial. Dans cette série de transformations, le gaz exécute par sa détente de B en C un travail $\mathfrak{T}$; on est obligé de dépenser un travail $\mathfrak{T}' < \mathfrak{T}$ pour le ramener à son volume initial de C en D ; le travail recueilli $\mathfrak{T} - \mathfrak{T}'$ est représenté par l'aire ABCD.

Pour qu'un gaz parcourant le cycle de Stirling constitue une machine parfaite, il faut que la série des transformations soit réversible ; il faut donc que le gaz soumis à la transformation ne soit jamais en contact avec des corps dont la température soit différente de la sienne. Telle est la condition qui a donné l'idée du *régénérateur*.

Le gaz est renfermé dans un récipient R dont la forme est celle d'un cylindre terminé à sa partie inférieure par une partie hémisphérique. Dans ce récipient peut se mouvoir sans frottement un piston P de même forme, et à enveloppe métallique, dont l'intérieur est rempli de poussière de brique ou de toute autre matière peu conductrice. La partie cylindrique du récipient est enveloppée par un cylindre concentrique AA de plus grand diamètre ; l'air qui traverse ce cylindre y rencontre une série de baguettes de verre et de toiles métalliques. Ce cylindre AA communique par sa partie inférieure avec le récipient R et par sa partie supérieure avec un espace

annulaire CD, qui contient un tuyau de cuivre enroulé en
spirale et dans lequel circule un courant d'eau froide. Enfin
l'espace CD communique avec la partie supérieure du récipient cylindrique.

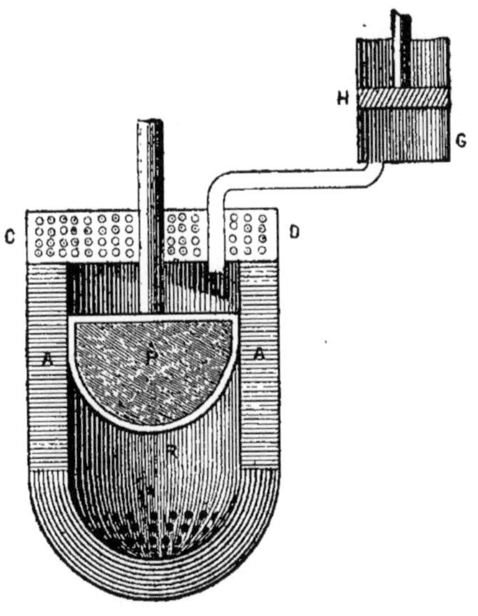

Le jeu de la machine est facile à comprendre. Supposons
le piston P au haut de sa course ; l'air qui est enfermé à la
partie inférieure du piston s'échauffe à volume constant au
contact du foyer situé à la partie inférieure. Lorsque le piston
descend, cet air est refoulé à travers le cylindre AA. Il cède
une partie de sa chaleur aux toiles métalliques et aux baguettes de verre qui y sont contenues, puis arrive refroidi au
contact des spires où il prend la température du courant d'eau.
Par le jeu même de la machine, le piston P remonte alors ; le
gaz suit le chemin inverse, se réchauffe au contact des toiles
métalliques déjà échauffées et arrive jusqu'à la paroi direc-

tement en contact avec le foyer. On comprend facilement que lorsque la machine aura fonctionné pendant un certain temps, un régime permanent s'établira ; les températures décroîtront d'une manière continue depuis la paroi qui est au contact du foyer jusqu'à la partie supérieure. La partie AA servira à réchauffer le gaz refroidi à l'aide de la chaleur abandonnée par le gaz dans la première moitié de sa transformation. C'est pourquoi on a donné à cette partie le nom de régénérateur. On utilise le travail $\tau - \tau'$ fourni par la machine pour mettre en mouvement un piston H qui se meut dans un corps de pompe auxiliaire G.

La machine de Stirling n'est une machine parfaite que si la quantité c est constante ; ce n'est que dans cette hypothèse que la chaleur fournie par le gaz pendant sa détente sera rigoureusement égale à celle qu'il reprend pendant qu'on le comprime. La machine de Stirling nous présente de plus un intérêt théorique et pratique à la fois ; elle nous montre un cycle réversible différent du cycle de Carnot, et plus facile à réaliser. Le cycle de Carnot est, en effet, d'une réalisation impossible. Il suppose que la détente du gaz se fait adiabatiquement. Mais en réalité il est impossible de séparer le gaz de son enveloppe, de sorte que, dans une machine fonctionnant suivant un cycle de Carnot, c'est non le gaz, mais l'ensemble du gaz et de son enveloppe qui parcourt le cycle ; de sorte qu'il faudrait une détente considérable pour abaisser la température de la masse jusqu'à celle du condenseur.

Quoique la machine de Stirling soit plus pratique, il ne faut pas en conclure que son fonctionnement soit parfait. Elle présente quelques défauts qui ont empêché son emploi dans l'industrie. Même au point de vue théorique, la machine, telle que nous l'avons décrite, n'est pas parfaite. L'air qui se trouve dans le corps de pompe G ne passe jamais à travers le régénérateur ; cette masse d'air ne sert qu'à transmettre la pression entre l'air réellement actif et le piston moteur. Cet air s'échauffe et se refroidit pendant la compression et la détente, il reste pendant ce temps en contact avec une paroi qui n'a pas la même température ; de ce chef, le cycle cesse d'être réversible.

D'autre part, si toute la chaleur fournie au gaz est utilisée, on ne peut en dire autant de toute la chaleur dégagée dans le foyer. Le gaz est chauffé à travers une enveloppe métallique ; la moitié environ de la chaleur fournie par le combustible passe dans la cheminée et ne sert qu'à activer le tirage ; enfin la paroi de la chaudière devant être chauffée à feu nu se détériore rapidement.

Machine d'Ericcson. — Elle se compose de deux corps de pompe superposés, de sections inégales, où se déplacent deux pistons A et C, reliés invariablement entre eux et mus par la même tige. Le piston A est garni intérieurement de matières imperméables à la chaleur, de briques pilées, par exemple. La partie du corps de pompe, comprise entre A et C, et la partie supérieure D communiquent entre elles et avec l'atmosphère par des soupapes H et E qui s'ouvrent quand le piston descend, et se ferment quand il monte ; D communique en outre par une soupape K avec un réservoir F. L'espace B, intermédiaire entre le foyer et le piston A, est relié à un cylindre horizontal, où sont disposés des toiles métalliques R, et deux autres corps de pompe N et M ; N communique en P avec l'atmosphère, et M avec le réservoir F, à l'aide de pistons à soupape.

Le piston double AC fonctionne comme celui d'une pompe aspirante et foulante. Quand il s'élève, le piston M laisse passer une certaine quantité d'air, qui provient de F, où la pression reste sensiblement constante ; cet air se rend en B, à travers les toiles métalliques R, où il s'échauffe de la température t_2 du réservoir à celle de B, t_1. Le temps que cet air met à passer par le piston M est réglé de façon que la force élastique de la masse d'air arrivée en B soit égale à la pres-

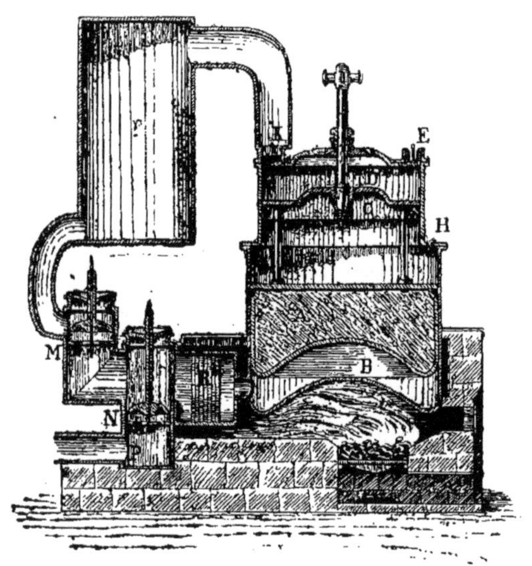

sion atmosphérique, quand le piston AC arrive au haut de sa course. Dès que l'air ne passe plus en M, si l'on dirige convenablement la marche du piston, toute la chaleur du foyer sert à détendre l'air qui a passé, sans élever sa température. En même temps, le piston AC, pendant son ascension, refoule de l'air dans le réservoir F, sans que la température de ce gaz en soit sensiblement modifiée, grâce à la grande surface offerte par F au refroidissement.

En descendant, le piston AC oblige l'air chaud de l'espace B à traverser les toiles métalliques R qui lui reprennent sa chaleur, et à s'échapper à l'extérieur par le piston N et le conduit P; en même temps, de l'air s'introduit en D par H et E.

Pour rendre la manœuvre possible, dans les conditions de température et de pression indiquées, les sections S_1 et S_2 des corps de pompe B et D ont été prises de façon que

$$\frac{S_1}{S_2} = \frac{1 + \alpha t_1}{1 + \alpha t_2}.$$

La masse de gaz que le piston, dans son ascension, refoule en F est alors égale à celle qu'il appelle en B. De plus, le rapport de la force élastique H en F, à la pression atmosphérique P, est égal au rapport du volume total du corps de pompe BD au volume de l'air introduit en B, au moment où le piston M ne le laisse plus passer.

Le cycle ainsi parcouru pendant une allée et venue du piston AC est analogue au cycle de Stirling, comme il est facile de s'en assurer.

ÉTUDE DES GAZ RÉELS

On peut résumer en quelques mots les résultats auxquels on est arrivé dans l'étude des gaz.

1° La loi de Mariotte est à peu près vérifiée pour les gaz dits permanents.

2° La constance de C est acquise dans les limites de température entre lesquelles a opéré Regnault.

3°. La constance du rapport $\dfrac{C}{c}$ n'est pas établie pour toutes les températures.

Les quantités C et c pourraient être variables à haute température ; ces deux grandeurs pourraient être fonctions de la température et varier séparément en présentant néanmoins un rapport $\dfrac{C}{c}$ constant. D'ailleurs, tous les gaz ont été liquéfiés ; on sait que la loi de Mariotte n'est qu'approchée ; les gaz réels ne sont donc pas parfaits ; il s'agit d'étudier dans quelle mesure ils s'écartent des gaz parfaits. Un des résultats de cette recherche sera de nous fournir une valeur de l'équivalent mécanique de la chaleur. On a vu en effet (page **27**) que l'on avait pour les gaz parfaits la relation

$$E = \frac{p_0 v_0 \alpha}{C - c}.$$

et (même page) pour les gaz réels

$$E = \frac{p_0 v_0 \alpha}{C - c + x},$$

x étant la quantité de chaleur mise en jeu dans la détente du gaz, sans travail, à température constante. Ce terme x ne peut être nul que si la détente sans travail se fait sans absorption ni dégagement de chaleur.

Expérience de M. Joule. — M. Joule a le premier cherché à mettre en évidence l'absorption de chaleur qui accompagnait la détente sans travail. Il fit (page 123) une première expérience qui ne lui donna que des résultats négatifs. Pour voir de plus près ce qui se passe dans cette expérience, M. Joule la refit en ayant soin de plonger les réservoirs A et A′ dans deux calorimètres séparés C et C′. Le réservoir A étant toujours rempli d'air comprimé et A′ étant vide, il observa, en ouvrant le robinet R, un refroidissement du calorimètre C et un échauffement égal du calorimètre C′, tous deux très faibles. C'est, qu'en effet, l'air sorti de A vient heurter les parois de A′, d'où un travail positif se traduisant par une élévation de la température du calori-mètre C′. La chaleur nécessaire à la détente du gaz est empruntée aux parois de A d'où un refroidissement équivalent de C. Cette seconde expérience, malgré l'influence des parois, montre nette-

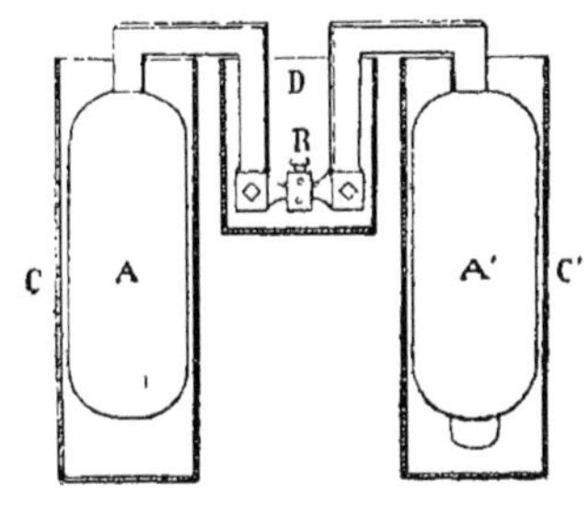

ment qu'il y a absorption de chaleur dans la détente sans travail des gaz permanents.

Expériences de Joule et Thomson. — Plus tard M. Joule et sir William Thomson ont employé une méthode éliminant cette influence de l'enveloppe.

Le gaz sur lequel on opère est comprimé dans un réservoir à une pression connue et constante. Ce gaz varie de volume sans avoir à produire de travail extérieur en traversant un tampon de bourre de soie c. Le réservoir à air comprimé est maintenu à une température constante t. On commence par faire passer un courant de gaz pendant un temps assez long, jusqu'à ce que la température de la bourre de soie devienne stationnaire. Quand l'état stationnaire est atteint, chaque tranche du tampon est à une température constante; les gaz qui le traversent ne peuvent ni lui prendre, ni lui céder de la chaleur. La seule quantité de cha-

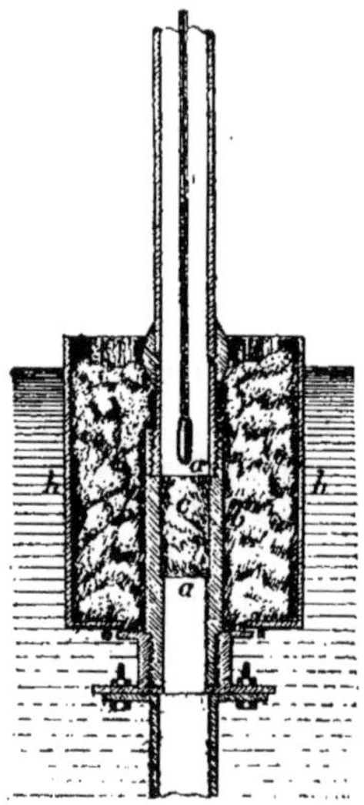

leur qui entre en jeu est celle que le gaz absorbe par sa détente. D'ailleurs le canal aa dans lequel s'écoule le gaz, est formé par un cylindre bb en buis, matière peu conductrice ; celui-ci est lui-même protégé contre tout effet thermique extérieur par un cylindre de buis concentrique hh, également rempli de bourre de soie. Toute la chaleur absorbée par le gaz est donc fournie par le gaz lui-même ; il en résulte un abaissement de température τ. La mesure de τ nous permettra de calculer x. — Rappelons que cette quantité x est la quantité de chaleur absorbée par l'unité de masse du gaz lorsqu'elle se détend, à température constante, sans avoir à vaincre de travail extérieur.

Supposons que la masse du gaz ABCD se trouve au bout d'un certain temps en A′B′C′D′. L'état stationnaire étant supposé atteint, le gaz ne reçoit ni ne cède de chaleur, donc la variation de l'énergie intérieure $\Delta U = \tau - EQ$ ne peut provenir que du travail produit par le déplacement du gaz. Or l'état de la masse gazeuse comprise entre A′B′ et CD étant invariable, la variation de l'énergie intérieure, due au déplacement, est égale à la variation d'énergie que l'on obtiendrait si la masse gazeuse comprise entre

AB et A'B' était transportée entre CD et C'D'. Soient d'autre part P_1 la force élastique du gaz en AB avant son passage dans

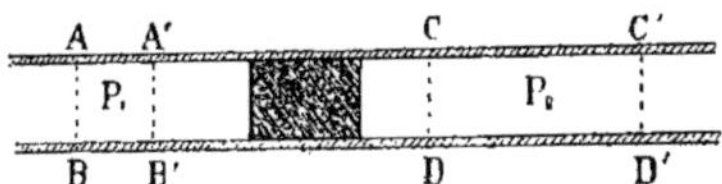

la bourre de soie, V le volume ABA'B', et t la température. La masse occupe, après le passage à travers la bourre de soie, le volume V_2' de A'B'C'D' sous la pression P_2 et à la température $t - \tau$.

Considérons la variation d'énergie intérieure correspondant à l'accroissement de volume du gaz à température constante opéré sans travail extérieur comme dans l'expérience de M. Joule (page 141). Soit ΔU cette variation d'énergie ; x étant la quantité de chaleur équivalente, on aurait $\Delta U = Ex$.

Nous pouvons d'autre part évaluer la variation d'énergie ΔU qui a lieu pendant l'expérience de Joule et Thomson ; cette variation est la même que celle que nous venons de considérer, puisque les états initial et final sont les mêmes. Le gaz passant d'abord de l'état caractérisé par

$$P_1 \qquad v_1 \qquad t$$

à l'état caractérisé par

$$P_2 \qquad v_2' \qquad t - \tau$$

il en résulte une variation d'énergie $\Delta_1 U$.

Le travail produit sous l'influence de la pression P_1 déplaçant un piston imaginaire d'une longueur AA' proportionnelle à v_1 est $P_1 v_1$; le travail fourni pour vaincre la pression P_2 en déplaçant un piston imaginaire de la longueur CC' proportionnelle à v_2' est $P_2 v_2'$. D'ailleurs le gaz n'a ni reçu ni cédé de chaleur dans cette transformation. Donc la variation $\Delta_1 U$ est $\Delta_1 U = - P_1 v_1 + P_2 v_2'$. Mais dans cette transformation :

$1°$ la température a varié ;

$2°$ le gaz a dû effectuer un travail $- P_1 v_1 + P_2 v'_2$.

Pour nous trouver dans les conditions où nous puissions évaluer x, il faut revenir maintenant de la température $t - \tau$ à la température t. Supposons que la transformation se fasse sous la pression constante P_2, on passera alors

de l'état $\qquad$ $P_2 \qquad v'_2 \qquad t - \tau$

à l'état $\qquad$ $P_2 \qquad v_2 \qquad t.$

Il en résultera une variation d'énergie intérieure $\Delta_2 U$ qui sera

$$\Delta_2 U = - P_2 v'_2 + P_2 v_2 - EC\tau,$$

car C étant la chaleur spécifique sous pression constante, la quantité de chaleur Q absorbée pour une élévation de température τ est $C\tau$. Donc, dans la transformation du gaz à température constante pour passer

de l'état $\qquad$ $P_1 \qquad v_1 \qquad t$

à l'état $\qquad$ $P_2 \qquad v_2 \qquad t$

la variation de l'énergie intérieure est :

$$\Delta' U = \Delta_1 U + \Delta_2 U = - P_1 v_1 + P_2 v_2 - EC\tau.$$

Si le gaz obéissait rigoureusement à la loi de Mariotte, on aurait $P_1 v_1 - P_2 v_2 = 0$, c'est-à-dire que le travail extérieur effectué par le gaz serait nul ; mais en général les gaz s'écartent de la loi de Mariotte de façon que le produit Pv va en décroissant quand la pression augmente. Ici, la pression P_2 étant supposée inférieure à la pression P_1, il en résulte que le gaz à la pression P_2 est plus dilaté que ne le voudrait la loi de Mariotte. Soit $v_2 - \Delta v_2$ le volume qu'occuperait le gaz si la loi de Mariotte était vérifiée. On aurait alors

$$P_1 v_1 = P_2(v_2 - \Delta v_2),$$

de sorte que $\qquad - P_1 v_1 + P_2 v_2 = P_2 \Delta v_2\,;$

donc, $\qquad \Delta' U = P_2 \Delta v_2 - EC\tau.$

Pour que le travail extérieur dans la transformation soit nul, il faut encore comprimer de Δv_2. Supposons que l'on comprime le gaz de la quantité Δv_2 à température constante, la chaleur dégagée dans cette compression est

$$\int_{v_2}^{v_2 + \Delta v_2} l\,dv = \int_{0}^{\Delta v_2} l\,dv,$$

comme Δv_2 est très petit, on peut supposer l constant et on a

$$\int_{0}^{\Delta v_2} l\,dv = l \int_{0}^{\Delta v_2} dv = l\Delta v_2.$$

Le travail dépensé correspondant est $- P_2 \Delta v_2$. Donc la variation d'énergie correspondante est

$$\Delta_3 U = - P_2 \Delta v_2 + El\Delta v_2.$$

Par suite, la variation totale de l'énergie intérieure dans une transformation à température constante et sans travail est

$$\Delta U = \Delta' U + \Delta_3 U = El\Delta v_2 - EC\tau = E\,(l\Delta v_2 - C\tau)\,;$$

or
$$\Delta U = E x = E\,(l\Delta v_2 - C\tau),$$

donc
$$x = l\Delta v_2 - C\tau.$$

La détermination numérique de $x = l\Delta v_2 - C\tau$ exige la connaissance des valeurs de l, Δv_2, C et t. L'expérience donne directement τ. MM. Joule et Thomson ont reconnu que l'abaissement de température τ était proportionnel à la chute de pression $P_1 - P_2$:

$$\tau = m\,(P_1 - P_2).$$

Considérons une masse de gaz qui occupe le volume v_0 sous la pression P_0 à $o°$. Si on l'échauffe à $1°$ sous pression constante, ce gaz occupera le volume $v_0(1 + \alpha)$ sous la pression P_0 ; si on l'échauffe à $1°$ sous volume constant le gaz occupera v_0 sous la pression $P_0(1 + \beta)$, α et β étant les coefficients de dilatation du gaz sous pression constante et sous volume constant. Il en résulte qu'une même masse de gaz peut occuper à la même température.

1° le volume $v_0(1 + \alpha)$ sous la pression P_0.

2° le volume v_0 sous la pression $P_0(1 + \beta)$.

Si la loi de Mariotte s'appliquait au gaz, au aurait évidemment $P_0 v_0(1 + \alpha) = P_0 v_0(1 + \beta)$, d'où l'on déduirait $\alpha = \beta$, c'est-à-dire que le coefficient de dilatation à pression constante serait égal au coefficient à volume constant. Mais la loi de Mariotte ne s'applique pas au gaz.

Posons

$$P_1 = P_0(1 + \beta), \quad v_1 = v_0 \quad \text{et} \quad P_2 = P_0. \quad v_2 = v_0(1 + \alpha).$$

Alors $P_1 v_1$ et $P_2 v_2$ sont reliés par la formule empirique de

Regnault sur la compressibilité des gaz.

$$\frac{P_2 v_2}{P_1 v_1} = 1 + A\,\frac{v_2 - v_1}{v_1} + B\left(\frac{v_2 - v_1}{v_1}\right)^2 + \cdots$$

Si on limite cette formule à ses deux premiers termes, ce qui est suffisant lorsque les variations de pression et de volume sont très faibles, on a :

$$\frac{P_2 v_2}{P_1 v_1} = 1 + A\,\frac{v_2 - v_1}{v_1},$$

d'où

$$P_2 v_2 - P_1 v_1 = P_1 v_1 A\,\frac{v_2 - v_1}{v_1} = P_1 A\,(v_2 - v_1).$$

Remplaçons P_1, P_2. v_1, v_2. par leurs valeurs. il viendra

$$P_2 v_2 - P_1 v_1 = P_0(1 + \beta)A v_0 \alpha$$

précisément égal à $P_2 \Delta v_2 = P_0 \Delta v_2$;

d'où
$$\Delta v_2 = (1 + \beta)A v_0 \alpha.$$

La quantité $l \Delta v_2$ prend alors une forme simple. En effet. on a démontré la formule générale $l = \dfrac{C - c}{\dfrac{dv}{dt}}$. Or, $\dfrac{dv}{dt}$ est la dilatation sous pression constante ; on tire cette quantité de la formule $v = v_0(1 + \alpha t)$. qui donne $\dfrac{dv}{dt} = v_0 \alpha$. donc $l = \dfrac{C - c}{v_0 \alpha}$

d'où
$$l \Delta v_2 = (C - c)(1 + \beta)A.$$

Ainsi que le montre Regnault pour l'air. A est un coefficient de l'ordre des millièmes. β est voisin de $\dfrac{1}{273}$. Si on néglige

β, on a

$$l\Delta v_2 = A(C - c),$$

d'où

$$x = A(C - c) - C\tau.$$

D'ailleurs τ est, d'après l'expérience de MM. Joule et Thomson, proportionnel à la différence des pressions

$$P_1 - P_2 = P_0(1 + \beta) - P_0 = P_0\beta.$$

donc

$$\tau = mP_0\beta.$$

et

$$x = A(C - c) - CmP_0\beta.$$

La valeur de E fournie par la considération d'un gaz réel serait alors

$$E = \frac{P_0 v_0 \alpha}{C - c + A(C - c) - CmP_0\beta}.$$

Soit E_0 la valeur de E correspondant aux gaz parfaits :

$$E_0 = \frac{P_0 v_0 \alpha}{C - c}.$$

On voit que E diffère de E_0 par la suppression d'un terme dans le dénominateur de la fraction. — D'après un théorème dû à Le Verrier, si on commet une erreur sur un terme d'une fraction, on commet la même erreur relative sur la fraction. Par suite, pour connaître avec quelle approximation on connaît E lorsqu'on néglige x. il suffit d'effectuer le calcul de x. On a :

$$\frac{x}{C - c} = \frac{A(C - c) - Cm\beta P_0}{C - c}.$$

D'ailleurs
$$C - c = C\left(1 - \frac{c}{C}\right).$$

Pour l'air on a
$$C - c = C\left(1 - \frac{1}{1,4}\right) = C\,\frac{0,4}{1,4}$$

$$C = 0,267 \qquad\qquad C - c = 0,067$$

$$m = 0,26 \qquad\qquad A = 0,0011.$$

On en tire pour l'air $x = \dfrac{1}{500}$ environ.

Rapport du travail interne au travail externe. — Cette conclusion va nous permettre de trouver le rapport du travail interne du gaz au travail externe. La quantité de chaleur x, mise en jeu dans la décompression du gaz sans travail extérieur, correspond précisément à la variation de l'énergie intérieure. L'expression de l'énergie intérieure est

$$\Delta U = \mathfrak{C} - EQ$$

d'où
$$E = \frac{\mathfrak{C} - \Delta U}{Q}.$$

Or, si on néglige x dans le calcul de E, on commet une erreur de $\dfrac{1}{500}$; mais négliger x, c'est négliger ΔU ; donc en négligeant ΔU on commet sur E une erreur relative de $\dfrac{1}{500}$.

D'après le théorème de Le Verrier déjà cité, l'erreur relative de la fraction est égale à l'erreur relative du numérateur dans lequel on a négligé un terme. Par suite, l'erreur relative du numérateur est $\dfrac{\Delta U}{\mathfrak{C}} = \dfrac{1}{500}$

d'où
$$\Delta U = \frac{\mathfrak{C}}{500}.$$

Ainsi, le travail intérieur dans la décompression d'une masse d'air est environ $\frac{1}{500}$ du travail externe effectué par le gaz. Pour les autres gaz permanents, on obtient des résultats du même ordre de grandeur. Il faut remarquer que les résultats précédents n'ont été établis que dans l'hypothèse de faibles variations de pression ou de volume. Pour de grandes variations. il est impossible de prévoir le résultat que l'on obtiendrait.

Relation entre le volume, la pression et la température absolue d'un gaz. — Soient ΔU la variation de l'énergie intérieure d'un gaz, et $\Delta \tau = \Delta(pv)$ le travail externe qui accompagne son changement de volume. On a

$$\Delta U = \Delta(pv) - EC\tau.$$

Or, en supposant la transformation infiniment petite

$$dU = d(pv) - Ed(C\tau),$$

mais $$\tau = - m\, dp,$$

d'où $$dU = d(pv) + Ed(Cm\, dp).$$

L'expérience a montré que le coefficient m variait avec la température ; m est inversement proportionnel au carré de la température absolue, $m = \dfrac{k}{\theta^2}$, d'où :

$$dU = d(pv) + Ed\left(C\frac{k}{\theta^2}\, dp \right).$$

Or. un gaz obéit d'autant mieux à la loi de Mariotte que sa température est plus élevée; donc, si θ croît indéfiniment, on a $pv = C^{te}$ et par suite $dU = 0$. Donc :

$$U = pv + EC\,\frac{k}{\theta^2}\, p = C^{te}.$$

Pour déterminer la constante, nous remarquerons que, pour θ infini, le gaz jouit des propriétés des gaz parfaits, c'est-à-dire que l'on a :

$$pv = p_0 v_0 (1 + \alpha t).$$

Mais
$$\theta = \frac{1}{\alpha} + t = \frac{1 + \alpha t}{\alpha}.$$

Donc
$$C^{te} = p_0 v_0 \alpha \theta = R\theta$$

et
$$pv = R\theta - \frac{K}{\theta^2} p$$

en posant $\quad R = p_0 v_0 \alpha \quad$ et $\quad K = CEk$.

Cette formule peut être substituée à la formule de Regnault. C'est encore une formule empirique puisqu'elle repose sur les faits suivants constatés par l'expérience : 1° la valeur de m varie en raison inverse du carré de la température absolue $\left(m = \dfrac{k}{\theta^2}\right)$; 2° les propriétés des gaz réels se rapprochent de celles des gaz parfaits lorsque la température s'élève.

Détente adiabatique des gaz réels. — Les gaz réels jouissent encore d'une propriété qui les distingue des gaz parfaits. Ils sont liquéfiables avec plus ou moins de facilité. Leur liquéfaction peut être obtenue soit en utilisant un accroissement de pression, soit en produisant une détente brusque du gaz comprimé. Évaluons l'abaissement de température dû à une détente adiabatique du gaz. Supposons un gaz occupant le volume V_0 à la température absolue θ_0 ; on le détend brusquement de façon à lui faire occuper le volume V ; sa température s'abaisse à θ. La transformation étant adiabatique, on a :

$$\frac{\theta}{\theta_0} = \left(\frac{V_0}{V}\right)^{\frac{C}{c} - 1}.$$

Appliquons à l'air. Soit $\dfrac{V}{V_0} = 300$,

on aura $\qquad \dfrac{\theta_0}{\theta} = (300)^{0,4} = 9,8.$

Donc $\qquad\qquad \theta = \dfrac{\theta_0}{9,8}$

Si la température initiale est celle de la glace fondante, $T_0 = 273$, alors

$$\theta = \frac{273}{9,8} = 28°.$$

(1) Il est facile d'établir cette relation entre les températures et les volumes d'un gaz qui se détend adiabatiquement. — En effet pour la détente adiabatique infiniment petite on a $dQ = cdt + ldv = 0$

avec $\qquad\qquad l = \dfrac{C - c}{\dfrac{dv}{dt}}.$

Si on considère la température θ comme donnée par un thermomètre à gaz, on a $pv = R\theta$, R étant une constante; d'où $p\dfrac{dv}{dt} = R$

ou $\qquad\qquad \dfrac{dv}{dt} = \dfrac{R}{p} = \dfrac{v}{\theta}.$

D'ailleurs $\qquad dt = d\theta$, car $\theta = t + C.$

Donc $\qquad\qquad cd\theta + \dfrac{(C - c)\,\theta}{v}\,dv = 0$

d'où $\qquad\qquad \dfrac{d\theta}{\theta} + \dfrac{C - c}{c}\,\dfrac{dv}{v} = 0$

Ou en intégrant $\quad \log\theta + \log v^{\frac{C}{c} - 1} = \text{constante}$

ou $\qquad\qquad \theta v^{\frac{C}{c} - 1} = \theta_0 v_0^{\frac{C}{c} - 1}.$

Donc $\theta - \theta_0 = -273 + 28° = -245$ degrés centigrades.

Ce résultat n'est pas rigoureusement exact, car la détente n'est pas véritablement adiabatique. De plus, la température étant très basse, le gaz n'obéit plus à la loi de Mariotte comme nous l'avons supposé dans le calcul précédent. Néanmoins, on peut considérer le résultat obtenu comme donnant une valeur approchée de l'effet de la détente.

APPLICATION

DES PRINCIPES DE LA THERMODYNAMIQUE
A L'ÉTUDE DES VAPEURS SATURÉES

L'étude que nous allons faire du phénomène de la vaporisation s'appliquera à tous les cas où la pression est fonction de la température seule, et indépendante du volume, notamment à la vaporisation, à la liquéfaction et à certains cas de dissociation.

Considérons un mélange de liquide et de vapeur, dont la masse totale soit l'unité. La masse x de vapeur contenue dans le mélange est fonction de la température t et du volume v occupé par le mélange. Nous pourrons donc prendre comme variables indépendantes : 1° la température θ ; 2° la masse x de la vapeur ou le volume v du mélange, à volonté. En effet, si on se donne θ et v, x est déterminé ; car si on connaît t, on peut en déduire la force élastique maxima, et alors x est la masse de la vapeur qui sature un espace donné avec une force élastique donnée. Inversement si on se donne t et x on peut en déduire v.

Prenons donc θ et x pour variables. Alors v s'exprime simplement. Soient u le volume occupé par l'unité de masse du liquide dans les conditions de l'expérience, et u' le volume occupé par l'unité de masse de la vapeur dans les mêmes conditions (u et u' sont les volumes spécifiques du liquide et de la vapeur).

On a :
$$v = (1 - x)\, u + xu'$$

ou
$$v = x\,(u' - u) + u.$$

Appliquons le principe de l'équivalence. Formons

$$d\mathrm{U} = d\mathfrak{C} - \mathrm{E}d\mathrm{Q}.$$

Or
$$d\mathfrak{C} = pdv$$

$$dv = (u' - u)\, dx + \left(x\,\frac{d(u' - u)}{d\theta} + \frac{du}{d\theta} \right) d\theta$$

car u et u' sont indépendants de x et ne dépendent que de θ.

Donc $\quad d\mathfrak{C} = p\,(u' - u)\, dx + \left(px\,\frac{d\,(u' - u)}{d\theta} + p\,\frac{du}{d\theta} \right) d\theta.$

Evaluons d'autre part $d\mathrm{Q}$. Cette quantité se compose de trois termes : 1° la quantité de chaleur $d\mathrm{Q}_1$ à fournir au liquide pour élever sa température ; 2° la quantité $d\mathrm{Q}_2$ nécessaire à l'échauffement de la vapeur ; 3° la chaleur $d\mathrm{Q}_3$ absorbée par la vaporisation d'un poids dx de liquide. Or on a :

pour le liquide $\quad d\mathrm{Q}_1 = (\mathrm{C}d\theta + hdp)(1 - x)$

pour la vapeur $\quad\;\; d\mathrm{Q}_2 = (\mathrm{C}'d\theta + h'dp)x\,;$

si l'on remarque que la force élastique maxima p est fonction de θ seulement, on a $dp = \dfrac{dp}{d\theta}\, d\theta$ et l'on peut écrire

$$d\mathrm{Q}_1 + d\mathrm{Q}_2 = \left(\mathrm{C} + h\,\frac{dp}{d\theta} \right)(1 - x)\, d\theta + \left(\mathrm{C}' + h'\,\frac{dp}{d\theta} \right)xd\theta.$$

Nous poserons pour abréger l'écriture

$$C + h\frac{dp}{d\theta} = m$$

$$C' + h'\frac{dp}{d\theta} = m'.$$

De plus, L désignant la chaleur latente de vaporisation du liquide,

on a $\qquad dQ_3 = L dx,$

et finalement $\quad dQ = [m\,(1 - x) + m'x]\,d\theta + L dx$

ou $\qquad dQ = [(m' - m)\,x + m]\,d\theta + L dx.$

Donc

$$dU = [p(u' - u) - EL]\,dx + \left[px\frac{d\,(u' - u)}{d\theta} + p\frac{du}{d\theta} - E\,[(m' - m)\,x + m]\right]d\theta$$

Le principe de l'équivalence donne alors la condition

$$\frac{d}{d\theta}[p\,(u' - u) - EL] = \frac{d}{dx}\left[px\frac{d\,(u' - u)}{d\theta} + p\frac{du}{d\theta} - E\,[(m' - m)\,x + m]\right]$$

ou $\qquad (u' - u)\frac{dp}{d\theta} - E\frac{dL}{d\theta} = -\,E(m' - m),$

ou encore $\quad (1)\quad m' - m = \frac{dL}{d\theta} - \frac{1}{E}\,(u' - u)\frac{dp}{d\theta}$

Appliquons maintenant le principe de Carnot

$$dS = \frac{dQ}{\theta} = [(m' - m)x + m]\frac{d\theta}{\theta} + \frac{L}{\theta}\,dx;$$

d'où, en écrivant que dS est une différentielle exacte.

$$\frac{d}{d\theta}\left(\frac{L}{\theta}\right) = \frac{d}{dx}\left(\frac{(m' - m)x + m}{\theta}\right)$$

ou
$$\frac{1}{\theta}\frac{d\mathrm{L}}{d\theta} - \frac{\mathrm{L}}{\theta^2} = \frac{m' - m}{\theta},$$

d'où encore   (2) $m' - m = \dfrac{d\mathrm{L}}{d\theta} - \dfrac{\mathrm{L}}{\theta}.$

Comparons les équations (1) et (2) nous obtiendrons

$$(3) \qquad \frac{\mathrm{L}}{\theta} = \frac{1}{\mathrm{E}}\,(u' - u)\,\frac{dp}{d\theta}$$

équation corrélative de l'équation de Clapeyron.

Comparaison du résultat avec l'équation de Clapeyron. — En réalité ce n'est qu'une transformation de l'équation de Clapeyron. Imaginons que l'on représente la chaleur absorbée dans la transformation par

$$dQ = cd\theta + ldv.$$

l sera la chaleur absorbée pour une variation de volume égale à l'unité de volume à température constante ; pour une variation de volume égale à $u' - u$, on aura une absorption de chaleur $\mathrm{L} = l\,(u' - u)$. Or d'après l'équation de Clapeyron :

$$l = \frac{\theta}{\mathrm{E}}\frac{dp}{d\theta},$$

d'où $\mathrm{L} = l(u' - u) = \dfrac{\theta}{\mathrm{E}}\,(u' - u)\,\dfrac{dp}{d\theta}$

qui est précisément l'équation (3).

Vérifications expérimentales. — La vérification expérimentale de l'équation (3) présente d'assez grandes difficultés. On peut déterminer directement par l'expérience L, θ, E, p et par suite $\dfrac{dp}{d\theta}$. Il est donc naturel de résoudre (3) par rapport à $u' - u$. On aura ainsi :

$$u' - u = \frac{\text{EL}}{_0\frac{dp}{d\theta}}.$$

Le second membre est connu par l'expérience, reste à déterminer la valeur du premier membre. La quantité u, volume spécifique du liquide aux diverses températures, est facile à déterminer. Il n'en est pas de même du volume spécifique u' de la vapeur saturée. Cependant il existe plusieurs méthodes de mesures de cette quantité indiquées par MM. Fairbairn et Tate, et M. Perot.

Expériences de Fairbain et Tate (1). — Voici quel est le principe de leur méthode. On introduit dans une enceinte fermée B du mercure, et le liquide a sur lequel on opère. On renverse sur le mercure un ballon A à long col que l'on a préalablement jaugé, et qui contient un poids déterminé du liquide a. On chauffe ; tant que dans le ballon et dans le réservoir la vapeur est saturée, la pression est la même à l'intérieur de A et à l'extérieur. Donc les niveaux du mercure sont les mêmes. Si on continue à chauffer, on aura toujours à l'extérieur un excès de liquide, la pression à chaque instant sera la tension maxima de la vapeur ; à l'intérieur du ballon, au contraire, dès que tout le liquide sera vaporisé, la vapeur produite se comportera comme un gaz imparfait ; au moment où tout le liquide est vaporisé, on observera donc une dépression du mercure. Ce moment est difficile à saisir avec précision. Si on y arrive, on connaîtra : 1° la température t ;

(1) *Phil. Trans.* 1860 *et Phil. Magazine*, 4ᵉ série, t. XXI, p. 230, 1861.

2° le poids π de vapeur qui remplit le volume V du ballon à cette température. Ce sera le poids de liquide introduit dans le ballon ; on aura ainsi la densité de la vapeur saturée et par suite u'.

On peut d'ailleurs remplacer le thermomètre qui donne les températures à chaque instant par un manomètre ; on observera les forces élastiques maxima qu'il indiquera, et, en se reportant à la table des tensions maxima du liquide, on obtiendra les températures.

Expériences de M. Perot (1). — M. Perot a employé deux méthodes pour effectuer la mesure du volume spécifique des vapeurs saturées.

Première méthode. — La première n'est qu'une modification de la méthode de Dumas pour la détermination des densités de vapeurs séches. Elle consiste à produire une atmosphère de vapeur saturée, à une température connue, dans un espace E vide d'air et renfermant un ballon B. Ce ballon se remplit alors de vapeur saturée ; et il suffit de le fermer pour qu'on puisse, par des pesées, déterminer la masse du corps qu'il contient, et par suite déduire le volume spécifique de sa vapeur.

L'espace clos où l'on produit la vapeur saturée est l'intérieur E d'une chaudière en bronze que l'on peut fermer à l'aide d'un couvercle boulonné, et dans laquelle on peut faire le vide par un tube en verre t, qui passe au travers d'un presse-étoupes. Après avoir lavé la chaudière, à plusieurs reprises, avec le liquide sur lequel on veut opérer, de façon à éliminer toute trace de liquide étranger, on y place sur un support un ballon B taré et plein d'air sec, pareil à ceux qu'on emploie dans la méthode de Dumas. A côté, se trouve

(1) *Ann. de Ch. et Phys.*, 6ᵉ série, t. XIII, p 145 ; 1888.

une ampoule A pleine du liquide. On dessèche l'intérieur de
la chaudière en y faisant plusieurs fois le vide, et laissant

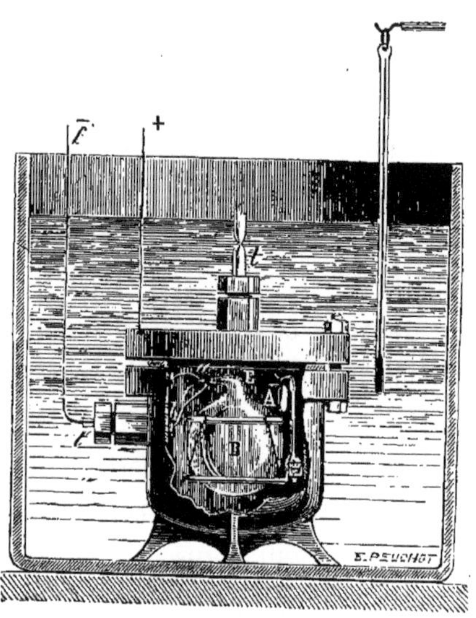

rentrer de l'air sec ; une dernière fois, on épuise l'air aussi
complètement que possible avec une pompe à mercure ; on
ferme alors au chalumeau le tube d'aspiration t, et la chaudière est placée dans un bain-marie agité constamment. Le
liquide, en se dilatant, fait éclater l'ampoule et se vaporise ;
la vapeur saturée pénètre dans le ballon et le remplit. La durée
de la chauffe est toujours supérieure à trois heures, et, pendant
la dernière demi-heure, on maintient la température fixe, de
manière qu'un thermomètre marquant le $^1/_{10}$ de degré n'ac-
cuse aucune variation. C'est alors qu'on ferme le ballon ; le
procédé imaginé dans ce but par M. Perot est très ingénieux (1).

(1) La figure ci-dessus, ainsi que les deux suivantes qui se rapportent au
travail de M. Perot, nous ont été obligeamment communiquées par le
Journal de Physique.

Tout à fait à l'extrémité du col du ballon B, étiré en pointe, il enroulait à l'avance un fil de platine f, dont l'un des bouts était relié à la paroi de la chaudière en a, et l'autre en b à un fil de platine f' qui, traversant la paroi dans un tube de verre t', se trouve ainsi isolé. Il suffit pour fermer B de faire passer en f le courant d'une petite machine de Gramme ; le fil de platine f rougit, fond le verre, et la pointe se trouve fermée comme au chalumeau.

Pour fermer hermétiquement la chaudière, il ne fallait pas songer aux corps gras, qui auraient pu se décomposer ou se dissoudre dans les corps étudiés, l'éther par exemple ; M. Pe-rot plaçait, entre la chaudière et son couvercle, un tore en plomb qu'il écrasait en boulonnant le couvercle ; les deux presse-étoupes destinés à laisser passer l'un, le fil de platine t', l'autre le tube de verre t, sont formés de rondelles de liège imprégnées de talc.

Pour achever l'expérience, on opère comme dans la mé-thode de Dumas. Ce dispositif ne convient évidemment plus aux températures où la vapeur d'eau attaque le verre.

Deuxième méthode. — Le principe en est aussi simple que celui de la première. Imaginons un réservoir B, contenant du liquide, et communiquant par un robinet R avec un réci-pient A, de capacité connue, porté à la même température. Un robinet R' permet de faire communiquer A soit avec l'at-mosphère, soit avec une machine pneumatique. Si, R restant fermé, on fait le vide dans A, puis que, fermant R, on ouvre R', A se remplira d'un volume V de vapeur saturée, à une température T connue. Si maintenant on ferme R, et qu'on fasse le vide dans A, en aspirant la vapeur à travers des tubes T remplis de matières capables d'absorber cette vapeur, l'augmentation de poids P des tubes T, permettra d'obtenir le volume spécifique $\frac{V}{P}$ cherché.

Cette méthode se prête à la répétition, ce qui en fait le mé-

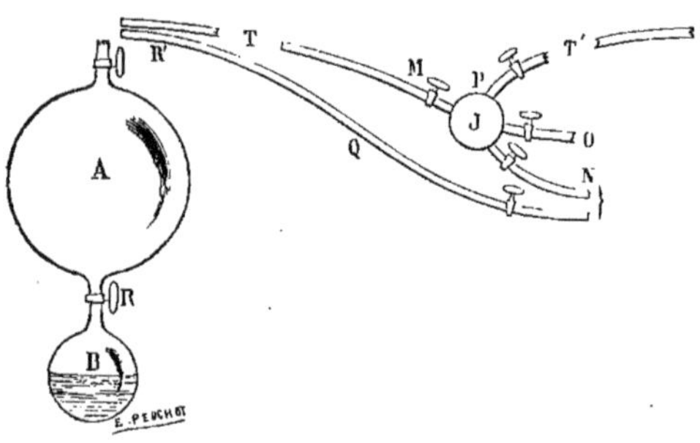

rite. Il n'est pas nécessaire que le vide soit absolu en A ; la présence d'une petite quantité d'air ne fausserait pas les résultats, puisque la force élastique maxima de la vapeur n'en serait pas modifiée ; mais il convient de faire le vide pour la rapidité de la vaporisation.

Une chaudière en cuivre rouge embouti, d'un peu plus d'un litre de capacité, pouvant être fermée par un couvercle en bronze, constitue l'espace A.

Le réservoir B fait corps avec le couvercle, et forme saillie à l'intérieur, de telle sorte que sa température soit exactement celle de la chaudière ; il est fermé par un bouchon à vis. Les robinets R et R', placés sur le couvercle, sont des robinets à écrasement, et la garniture de leurs presse-étoupes est en liège passé au talc, pour éviter toute trace de graisse ; dans le même but, tous les joints sont garnis avec du plomb. La chaudière est plongée dans un bain-marie, où elle est maintenue de façon qu'elle ne puisse tourner quand on serre les robinets. L'intérieur tout entier en a été doré pour éviter une attaque du métal par la vapeur ou le liquide, en présentant une surface bien continue d'un métal homogène et peu attaquable.

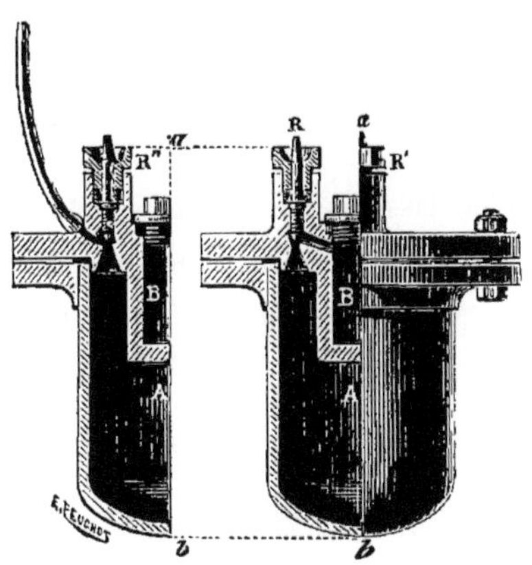

Pour enlever toute la vapeur du récipient A, il fallait faire le vide à plusieurs reprises (environ quatre), et laisser rentrer chaque fois l'air pur et sec.

Les deux méthodes de M. Perot ont donné les mêmes résultats pour l'éther et l'eau ; cette concordance paraît prouver qu'elles ne comportent pas d'erreurs systématiques.

Autre méthode de vérification. — La vérification expérimentale des formules trouvées peut d'ailleurs être faite autrement.

On a obtenu (page 157) la relation

$$m' - m = \frac{d\mathrm{L}}{d\theta} - \frac{\mathrm{L}}{\theta}.$$

La quantité m' a reçu le nom de *chaleur spécifique de la vapeur saturée*. Il est facile de justifier cette dénomination.

Soit un mélange de liquide et de vapeur saturée, ne contenant qu'un poids ε d'eau liquide aussi petit que l'on voudra, la masse totale du mélange étant l'unité. Le poids de la vapeur sera $1 - \varepsilon = x$.

L'expression donnée pour dQ devient alors :

$$dQ = [(m' - m)(1 - \varepsilon) + m]\, d\theta + L dx.$$

Supposons qu'on fasse varier le volume et la température de la masse de façon que la vapeur reste toujours exactement saturée. Comme ε est constant, x l'est aussi, donc $dx = 0$; par suite

$$dQ = [m' - \varepsilon (m' - m)]\, d\theta.$$

Or ε est aussi petit que l'on veut, donc :

$$dQ = m' d\theta.$$

Donc m' est bien la chaleur spécifique de la vapeur saturée, car c'est le coefficient par lequel il faut multiplier la variation de température pour avoir la quantité de chaleur absorbée.

La valeur de m' peut être tantôt positive, tantôt négative. Si $m' > 0$, pour $d\theta > 0$, il faudra fournir de la chaleur au système pour le maintenir saturé. Si $m' < 0$, pour $d\theta > 0$, on aura un dégagement de chaleur si le système reste saturé.

Or le signe de m' est donné par $m' = m + \dfrac{dL}{d\theta} - \dfrac{L}{\theta}.$

Signification physique des résultats précédents. — Les résultats auxquels nous venons d'arriver peuvent être interprétés au point de vue physique. Nous disons qu'une vapeur est exactement saturée lorsqu'elle est dans un état tel que la plus faible variation de force élastique, de température ou de volume, détermine la condensation d'une partie du liquide.

Ceci posé, étudions les phénomènes que présente une vapeur dont on fait varier simultanément le volume et la température de manière à la maintenir exactement saturée. Supposons un poids P constant de vapeur saturant exactement un espace donné V à la température T. Si nous accroissons le volume offert à la vapeur, le poids qui saturerait le nouvel espace $V' > V$ à la température T serait supérieur au poids P. Si nous voulons que le système reste à l'état de saturation, il faut abaisser la température ; alors la force élastique de la vapeur diminue, le poids de vapeur qui sature un espace donné diminue, et on peut abaisser la température d'une quantité telle que le poids P de vapeur sature exactement V'. En un mot, si l'on augmente le volume, il faut pour maintenir la saturation exacte abaisser la température.

Inversement si on diminue le volume, pour maintenir la saturation exacte il faut élever la température, ce qui correspond à une augmentation de la force élastique maxima.

On arriverait à des résultats analogues si l'on faisait varier d'abord la température. Dans tous les cas on reconnaît par le raisonnement que, pour maintenir la saturation exacte, il faut abaisser la température et augmenter le volume, ou élever la température et diminuer le volume.

Dans ces conditions, un accroissement de volume sera accompagné de deux phénomènes thermiques inverses : 1° un abaissement de température qui implique un dégagement de chaleur ; 2° une détente qui implique une absorption de chaleur. La somme des deux effets thermiques peut d'ailleurs être positive, nulle ou négative suivant que l'un des effets est supérieur, égal ou inférieur à l'autre. Il en est de même s'il y a diminution de volume. Si l'effet résultant de la compression (dégagement de chaleur) l'emporte sur l'effet dû à l'élévation de température (absorption de chaleur), lorsqu'on comprimera la vapeur, en la maintenant à l'état de saturation, elle dégagera de la chaleur : par suite, si on maintient la vapeur dans une enceinte imperméable à la chaleur, elle se surchauffera. Au contraire, si on opère la détente de la vapeur, la vapeur absorbera de la chaleur pour rester saturée ; si elle se trouve dans une enceinte imperméable à la chaleur, la chaleur nécessaire au maintien de l'état de saturation sera fournie par la vapeur elle-même qui dans ces conditions se condensera partiellement.

Cherchons quel est le signe de m' dans ce cas ; pour maintenir la vapeur saturée, nous devons fournir une quantité de chaleur q pour l'élévation de température ; en même temps la vapeur dégage q' par sa compression, or nous supposons $q' > q$. La quantité de chaleur absorbée $q - q' = dq = m'd\theta$ est donc négative. Donc m' est négatif. Ainsi, pour les corps, dont la chaleur spécifique de vapeur saturée m' est négative :

1° la détente adiabatique produit une condensation partielle de la vapeur ;

2° la compression adiabatique produit la surchauffe de la vapeur.

Par un raisonnement analogue, nous trouverions que pour les corps à chaleur m' positive :

1° la détente adiabatique produit la surchauffe de la vapeur ;

2° la compression adiabatique produit une condensation partielle.

Le calcul de $m' = m + \dfrac{dL}{d\theta} - \dfrac{L}{\theta}$ peut être fait pour un grand nombre de liquides pour lesquels on connaît m, et L, et la variation de L en fonction de θ. On trouve ainsi des exemples de cas où m' est positif, nul ou négatif.

Vérifications expérimentales. Expériences de M. Hirn. — Les cas précédemment examinés se présentent dans la pratique, et les conséquences théoriques que nous avons annoncées ont été vérifiées par l'expérience.

Premier cas : $m' < 0$.

C'est le cas de la vapeur d'eau saturée. D'après ce qui précède, la détente doit produire une condensation de l'eau. M. Hirn (1) a vérifié ces conclusions par l'expérience suivante. Un cylindre de cuivre de 2 mètres de longueur et de $0^m,15$ de diamètre est terminé à ses extrémités par des glaces épaisses et bien transparentes. On le met en communication avec une chaudière produisant de la vapeur d'eau à haute pression ; un robinet de purge, ouvert légèrement au début de l'expérience, permet l'expulsion de l'air et de l'eau de condensation. Lorsque les parois sont arrivées à la température de la vapeur, on constate en plaçant l'œil à une extrémité que la vapeur est parfaitement transparente et permet de voir suivant l'axe les objets vers lesquels le cylindre est dirigé. Après avoir fermé le robinet d'admission de la vapeur, on ouvre brusquement et complètement un robinet de décharge ; on constate la formation immédiate d'un nuage de gouttelettes d'eau condensée.

Deuxième cas : $m' > 0$.

(1) Hirn. — *Bulletin 133 de la Société industrielle de Mulhouse.* — Verdet. — *Théorie mécanique de la chaleur*, t. I, p. 251.

C'est le cas de la vapeur d'éther. La détente ne produit pas de condensation, mais surchauffe ; la condensation est obtenue par la compression brusque de la vapeur.

On doit encore à M. Hirn (1) la vérification de cette conséquence théorique. — Un ballon B en verre résistant est mis

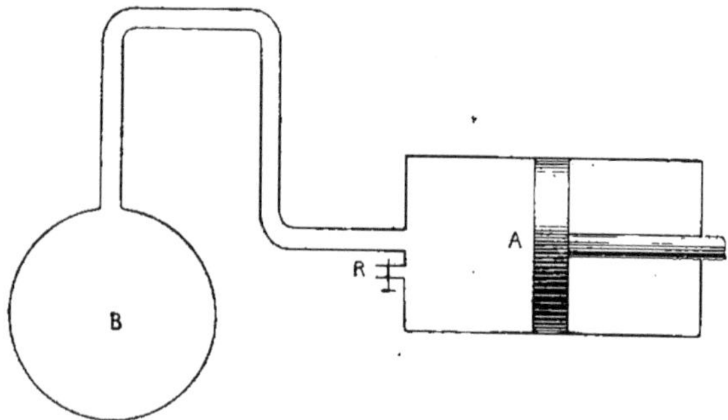

en communication par un tube flexible avec un corps de pompe A. Le robinet de décharge R étant ouvert, on plonge le ballon B contenant un peu d'éther dans l'eau chaude ; la vapeur d'éther chasse l'air. On ferme alors R, l'appareil restant plongé dans l'eau chaude, le piston est refoulé jusqu'au bout du corps de pompe par la vapeur d'éther ; on l'enfonce alors brusquement et on constate que par la compression un nuage se manifeste à l'intérieur du ballon.

La même expérience fut répétée par M. Hirn avec du sulfure de carbone pour lequel $m' < o$; la compression ne produisit aucun effet.

Détente dans les machines à vapeur. — Ces recherches théoriques ont trouvé une application industrielle de la plus haute importance dans les machines à vapeur.

(1) HIRN. — *Cosmos* du 10 avril 1863. — VERDET. *Loco citato*, p. 262.

Si on applique à la vapeur pendant sa détente les formules de Regnault relatives à la vapeur d'eau saturée, on trouve, même en supposant la détente parfaite, que le rendement ne dépasse pas $\frac{1}{18}$ pour une machine fonctionnant entre 40°et 150°. Or, d'après le principe de Carnot. le rendement théorique serait $\frac{1}{4}$. Les expériences de M. Hirn ont fourni dans ce cas un rendement voisin de $\frac{1}{8}$. L'écart entre le rendement théorique $\frac{1}{18}$ et le rendement pratique $\frac{1}{8}$ doit être attribué à ce qu'on supposait que, pendant la détente, la vapeur restait saturée et sèche ; en réalité, il y a condensation partielle pendant toute la durée de la détente, de sorte que la formule de Regnault qui suppose ε constant n'est pas applicable.

Pour nous rendre compte de ce qui se passe dans les machines à vapeur, étudions le cycle des transformations auxquelles la vapeur est soumise.

Considérons d'abord une machine à vapeur parfaite.

On échauffe l'eau à un volume presque invariable de la température du condenseur à celle de la chaudière. La pression passe de AA′ à BB′ ; pendant le déplacement du piston, l'eau se vaporise et son volume croît de B en C ; l'admission a lieu à pleine pression ; la pression reste constante et égale à la force élastique maxima de la vapeur. La vapeur se détend ensuite adiabatiquement de C en D en poussant le piston jusqu'à avoir une pression égale à celle qui existe dans le condenseur ; puis la vapeur se refroidit à pression constante dans le condenseur. Enfin on la ramène à la température de la chaudière.

Tel est le cycle parcouru par la machine idéale ; ce cycle,

étant réversible, a le coefficient économique maximum, indépendant de la nature de la vapeur, et par conséquent des
propriétés particulières de la vapeur d'eau.

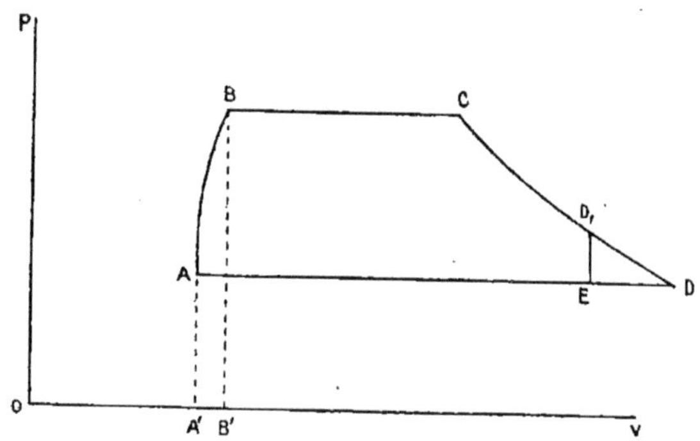

En réalité, le cycle des machines à vapeur est un cycle tron-
qué ; pour ne pas être obligé de donner des dimensions trop
considérables au cylindre, on ne produit pas la détente complète. La détente s'arrête en D_1, de sorte que l'on perd une

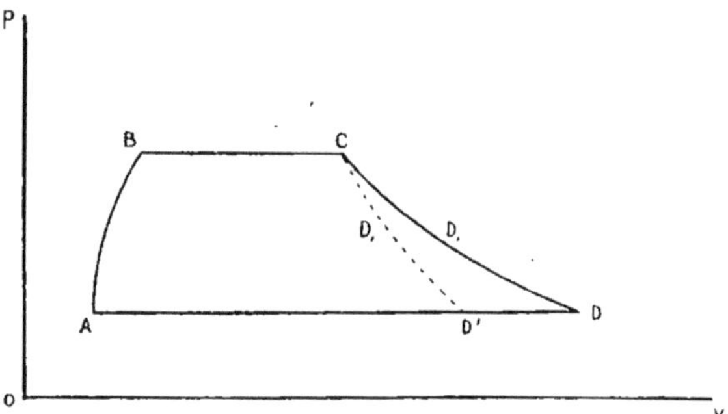

partie du travail utile de la machine représentée par l'aire
D_1DE.

Par suite de la condensation partielle de la vapeur pendant la détente, la perte de travail D_1DE est considérablement diminuée. En effet, pour une même pression p_1, plus il y aura de vapeur condensée, plus le volume du mélange d'eau et de vapeur sera petit, donc plus les abscisses correspondant à une même ordonnée seront petites. Donc plus il se condensera de vapeur pendant la détente, plus la courbe CD représentative de la détente sera inclinée. Il en résulte que, en supposant la détente complète, le cycle parcouru serait non pas ABCD mais ABCD'.

Mais le point où l'on est forcé d'arrêter la détente D_1 ne dépend que des dimensions du cylindre ; il en résulte que, grâce à la condensation, on pourra admettre un plus grand volume de vapeur à pleine pression, et que le cycle parcouru réellement sera ABC_1D_1E. L'effet de la condensation est ainsi doublement utile.

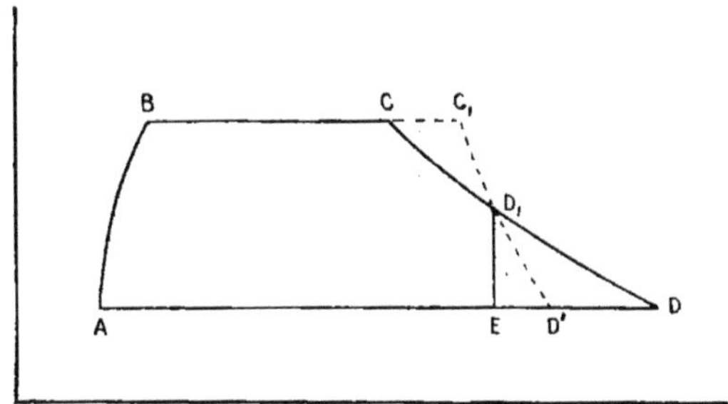

1° Il diminue la différence D_1DE entre le travail obtenu pratiquement et le travail maximum.

2° Il augmente le travail obtenu par coup de piston.

Application de la formule à l'étude des vapeurs. — En résumé, de la formule :

$$dQ = [(m' - m)x + m]\, d\theta + L\, dx.$$

où on en a fait $x = 1 - \varepsilon$, et en supposant ε très petit, on a tiré :

$$dQ = m'd\theta + L dx.$$

Si on fait varier la température et le volume de façon que le titre x reste constant, on a

$$m' = \left(\frac{dQ}{d\theta}\right)_{x = \text{Cte}}.$$

On peut déduire de là plusieurs conséquences ; si $m' > 0$, à un accroissement positif $d\theta$ correspond une valeur positive de dQ. Donc si on comprime la vapeur en l'échauffant, de manière à la maintenir saturée, il y a de la chaleur dégagée. Pour le cas où m' est négatif, il y a dans les mêmes conditions de la chaleur absorbée. On en conclut que le signe de m' régit le sens du phénomène thermique.

Si au lieu de comprimer ou de détendre la vapeur à titre constant, on opère la compression ou la détente adiabatiquement, le titre est variable ; on a dit avec Clausius que c'était encore le signe de m' qui réglait le sens du phénomène. Cette extension n'est pas évidente et même elle n'est pas justifiée. Pour nous en rendre compte, revenons sur les résultats précédemment exposés.

Supposons d'abord que nous opérions une transformation à titre constant. Alors $dx = 0$. On a vu :

$$(1) \qquad dQ = m'd\theta + L dx$$

$$(2) \qquad v = (u' - u)x + u.$$

Nous en tirons

$$(3) \qquad dv = (u' - u)dx + \left(x \frac{d(u' - u)}{d\theta} + \frac{du}{d\theta}\right) d\theta$$

d'où
$$d\theta = \frac{dv - (u' - u)dx}{x\dfrac{d(u' - u)}{d\theta} + \dfrac{du}{d\theta}}$$

qui, pour $x = 1$, devient :

$$(4) \qquad d\theta = \frac{dv - (u' - u)dx}{\dfrac{du'}{d\theta}}.$$

Donc l'expression de dQ se présente sous la forme

$$(5) \qquad dQ = m'\frac{dv - (u' - u)dx}{\dfrac{du'}{d\theta}} + \mathrm{L}dx.$$

Si l'on veut la chaleur absorbée dans la transformation de la vapeur saturée à titre constant, on prendra dQ pour $dx = 0$.

d'où
$$(dQ)_{x\,=\,\mathrm{C^{te}}} = \frac{m'dv}{\dfrac{du'}{d\theta}}.$$

Ainsi $\dfrac{dQ}{dv}$ pour une transformation à titre constant est du signe de $m'\dfrac{du'}{d\theta}$. Or, $\dfrac{du'}{d\theta}$ est négatif ; car le volume de la vapeur saturée décroît quand la température augmente, puisqu'il faut des poids de plus en plus grands de vapeur pour saturer un espace donné. Donc si m' est > 0, $\dfrac{m'}{\dfrac{du'}{d\theta}} < 0$; par la détente $(dv > 0)$. dQ est négatif, donc la transformation absorbe de la chaleur. Si $m' < 0$ par la détente $(dv > 0)$, $dQ > 0$, donc la transformation dégage de la chaleur. Ainsi dans les transformations à titre constant, c'est bien le signe de m' qui indique le sens du phénomène.

Étudions maintenant ce qui arrive dans le cas d'une transformation adiabatique du système, alors $dQ = o$. Nous chercherons successivement comment varient : 1° le titre. 2° la température quand on fait varier le volume.

1° *Variation du titre.* Cherchons à exprimer dx en fonction de dv, pour $dQ = 0$. De (5). nous tirons :

$$m' [dv - (u' - u)dx] + L \frac{du'}{d\theta} dx = 0$$

d'où

$$\frac{dx}{dv} = \frac{1}{u' - u - \frac{L}{m'} \frac{du'}{d\theta}}.$$

Le signe de $\frac{dx}{dv}$ dépend de celui de

$$u' - u' - \frac{L}{m'} \frac{du'}{d\theta}.$$

Or $\qquad u' - u > o, \qquad L > o, \qquad \frac{du'}{d\theta} < 0$

donc $\qquad\qquad\qquad -L \frac{du'}{d\theta} > 0.$

Si $m' > o$, le dénominateur $u' - u - \frac{L}{m'} \frac{du'}{d\theta}$ est positif. donc $\frac{dx}{dv} > 0$; par suite. si v croît (détente), dx est positif, et le titre croît. Ce résultat est conforme à celui qui avait été énoncé par Clausius.

Si $m' < o$. on ne peut pas affirmer que le dénominateur soit négatif. Il faudrait pour que $\frac{dx}{dv}$ fût négatif

$$u' - u - \frac{L}{m'} \frac{du'}{d\theta} < 0$$

$$\text{ou} \qquad m' > L\,\dfrac{\dfrac{du'}{d\theta}}{u'-u}.$$

2° *Variation de la température.* — Cherchons maintenant à exprimer $d\theta$ en fonction de dv.

On a trouvé   (1) $dQ = m'd\theta + Ldx$

et   (4)
$$dx = \dfrac{dv - \dfrac{du'}{d\theta}d\theta}{u'-u}.$$

D'où
$$dQ = m'd\theta + \dfrac{dv - \dfrac{du'}{d\theta}d\theta}{u'-u}\,L.$$

Pour une transformation adiabatique, $dQ = o$; par suite

$$\left(m'(u'-u) - L\,\dfrac{du'}{d\theta}\right)d\theta + Ldv = 0$$

d'où
$$\left(\dfrac{d\theta}{dv}\right)_{Q\,=\,C^{te}} = \dfrac{L}{L\,\dfrac{du'}{d\theta} - m'(u'-u)}.$$

Le numérateur L étant positif, le signe de $\dfrac{d\theta}{dv}$ dépend uniquement du dénominateur.

Ce dénominateur est au signe près la même quantité que celle qui se trouvait en dénominateur dans $\dfrac{dx}{dv}$. Nous aurons donc à distinguer les mêmes cas.

Pour $m' > o$, la détente adiabatique ($dv > o$) est accompagnée d'un abaissement de température.

Si $m' < o$, pour que la détente adiabatique soit accompagnée d'une élévation de température, il faut

$$L\,\dfrac{du'}{d\theta} < m'(u'-u)$$

$$\text{ou} \qquad m' < \frac{\mathrm{L}\,\dfrac{du'}{d\theta}}{u' - u}.$$

Donc le signe du phénomène dépend des valeurs de m' et de $u' - u$.

Point critique. — Lorsque la température s'élève, on peut atteindre un point où $u' - u = 0$; cette température a reçu le nom de point critique. A une température voisine de ce point critique, le terme $m'\,(u' - u)$ est négligeable vis-à-vis de $\mathrm{L}\,\dfrac{du'}{d\theta}$: c'est $\mathrm{L}\,\dfrac{du'}{d\theta}$ qui donne son signe ; alors $\dfrac{d\theta}{dv} < 0$; donc par la détente adiabatique, on a toujours un refroidissement. Ainsi, pour toutes les vapeurs au voisinage de leur point critique, la détente produit un abaissement de température, et par suite une condensation partielle. Cette conséquence est entièrement d'accord avec l'expérience.

Dans le cas où on prend une vapeur très éloignée de son point critique, u' est très grand vis-à-vis de u, c'est le terme $m'\,(u' - u)$ qui donne son signe, et par suite $\dfrac{d\theta}{dv}$ est du signe de m' ; c'est le cas des vapeurs très voisines de l'état du gaz parfait.

Nous rencontrons ainsi dans l'étude des vapeurs deux cas extrêmes où les résultats sont très nets :

1° le cas des vapeurs voisines de leur point critique qui se comportent toutes de la même manière, à la façon de la vapeur d'eau ;

2° le cas des vapeurs très éloignées de leur point critique qui se comportent comme des gaz parfaits, et pour lesquelles le sens des transformations est indiqué par le signe de m'.

Les conclusions de Clausius ne s'appliquent complètement qu'à ce dernier cas extrême ; dans les cas intermédiaires, on a vu comment il convenait de les modifier.

POINT CRITIQUE

Quand on élève de plus en plus la température d'une vapeur saturée, son volume spécifique u' va en diminuant. Le volume spécifique u du liquide varie très peu, mais en général augmente. Il en résulte que $u' - u$ va en diminuant. Pour une température suffisamment élevée $u' - u = 0$. Cette température est celle du point critique.

Expériences de Cagniard de La Tour. — Les phénomènes relatifs au point critique ont été observés pour la première fois par Cagniard de La Tour en 1822. Il enfermait en C le liquide qu'il étudiait, le tube recourbé AB dont la partie inférieure contenait du mercure fonctionnait comme manomètre à air comprimé. En portant C à des températures croissantes, il arrivait un moment où la surface de séparation du liquide et de la vapeur disparaissait complètement. De légères variations de température au voisinage de ce point de vaporisation totale faisaient réapparaître ou disparaître la surface de séparation.

Expériences de M. Wolf. — Ces expériences ont été reprises depuis par Drion et par M. Wolf. La grosse branche de l'appareil de Cagniard de La Tour contenait un mélange d'air et de vapeur ; dans les appareils de M. Wolf qui sont beaucoup

plus simples, ce défaut a été évité. On emploie des tubes en verre
résistant à moitié remplis du liquide à étudier; un tube capil-

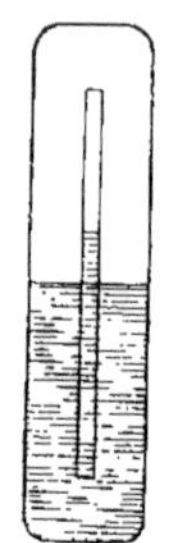

laire plonge au centre du liquide. Le tube extérieur
est scellé pendant que le liquide est en ébullition,
de façon qu'il soit exactement rempli de vapeur.
Si on élève progressivement la température d'un
tel tube, l'ascension capillaire diminue peu à peu,
en même temps que la convexité du ménisque ;
à la température du point critique, le liquide est
sur le même plan à l'intérieur et à l'extérieur du tube capillaire. Ces phénomènes peuvent être facilement montrés dans
les cours avec des tubes renfermant de l'acide carbonique
liquide.

**Modification de la méthode de M. Wolf pour les
pressions élevées.** — La méthode de M. Drion et de M. Wolf
permet de déterminer avec une assez grande exactitude les
points critiques des vapeurs que l'on peut observer dans des
tubes de verre à la température de leur point critique.

Lorsque la force élastique maxima de la vapeur est trop
forte et dépasse la limite de résistance du verre, on a recours
à un artifice. On prend des tubes métalliques munis d'un cou-
teau (comme les couteaux de balance) disposé de façon que
le tube placé comme un fléau de balance se maintienne horizontalement lorsqu'il est rempli d'un fluide homogène. On
introduit le liquide, on ferme le tube et on le porte à des
températures croissantes; tant qu'il y a un mélange de liquide
et de vapeur le fléau penche d'un côté ; aussitôt que le point
critique est atteint, on observe l'horizontalité du fléau.

Remarque. — Le point critique est une température où la
chaleur latente de vaporisation du liquide est nulle. Par l'expé-

rience, on peut se rendre compte qu'elle est au moins très faible, car il suffit d'une très petite variation de chaleur pour faire disparaître ou réapparaître le liquide. Il est facile de montrer par la théorie que L est nulle. En effet, on a

$$L = \frac{\theta}{E} \left(u' - u \right) \frac{dp}{d\theta}.$$

Or, au point critique $u' - u = 0$; par conséquent $L = 0$.

Phénomènes capillaires au voisinage du point critique. — A la température critique. $u' - u = 0$; donc les volumes spécifiques u et u' du liquide et de sa vapeur sont les mêmes ; le poids spécifique du liquide est égal au poids spécifique de la vapeur. Toutefois il ne suffit pas que cette condition soit satisfaite pour que la surface de séparation disparaisse ; en effet, deux fluides peuvent avoir même densité sans se mélanger, et sans former un tout homogène. Par exemple Plateau a composé des mélanges d'eau et d'alcool qui ont exactement même densité que l'huile ; une goutte d'huile reste en équilibre au milieu de ces mélanges sans s'y dissoudre. Si on agite, on obtiendra une émulsion et non un mélange transparent. Pour qu'on obtienne un mélange transparent, il faut que la constante capillaire de la surface de contact soit nulle, c'est-à-dire que cette surface n'ait plus de propriétés capillaires.

Lorsqu'un liquide s'élève dans un tube, l'ascension est proportionnelle à une certaine constante A (constante capillaire); si on élève la température, la hauteur de liquide soulevé diminue et devient nulle à la température du point critique. A ce moment on a une surface plane ; le niveau est le même dans le tube capillaire et à l'extérieur; si on dépasse un peu le point critique, toute surface de séparation disparaît. Il en résulte que la constante capillaire A tend vers zéro en même temps que $u' - u$. On peut affirmer de plus que A est infiniment petit d'ordre supérieur à $u' - u$, ou en d'autres termes que le rapport $\dfrac{A}{u' - u}$ est infiniment petit. En effet. si A conserve une valeur finie, le liquide s'élève dans le tube capillaire. Si on donne à A une valeur constante, la hauteur d'ascension devient infinie quand $u' - u$ tend vers o, car l'ascension capillaire est due à une action qui s'exerce entre le solide et est fonction de l'influence de la pesanteur. Le poids apparent du liquide soulevé varie dans le même sens que $u' - u$; pour $u' - u = $ o, ce poids apparent est nul. Donc si A conservait une valeur finie même très petite, la hauteur deviendrait infinie pour $u' - u = $ o ; c'est un résultat contraire à l'expérience. Donc A tend vers o plus rapidement que $u' - u$.

Détermination des points critiques. — La détermination de la température critique présente quelquefois de grandes difficultés. Les expériences d'Andrews ont donné pour point critique de l'acide carbonique liquide la température de 31° ; on connaît aussi le point critique de l'éther depuis les expériences de Cagniard de La Tour.

Le point critique de l'eau. 880° environ, obtenu par extrapolation de la formule empirique de Regnault relative à la chaleur latente de vaporisation L est purement théorique. (On écrit que L = o.) D'après les expériences de Cagniard de La Tour, ce point critique serait un peu inférieur à la température de fusion du zinc (410°); mais la pression critique n'a pu être déterminée. On peut seulement conclure des expériences de Cagniard de La Tour, que le volume de la vapeur est alors égal à 4 fois le volume initial de l'eau.

D'après des expériences récentes de M. O. Strauss, le point critique de l'eau serait 370° ; la pression critique obtenue par une méthode détournée serait égale à 195 atmosphères (1).

Remarque. — Dans les expériences, on a certainement trouvé une température correspondant à la vaporisation totale dans un volume donné, mais on ne peut affirmer que l'on ait obtenu le point critique. En effet, pour que l'on soit au point critique, il faut que le volume occupé par la vapeur soit égal au volume primitif du liquide. Dans les expériences citées plus haut, le volume de l'eau étant 1, celui de la vapeur 4, le volume total est 5 ; donc $u' = 5u$. Or à la température critique il faut que $u = u'$.

(1) O. Strauss. — *J. de Phys.* ; 2ᵉ série, t. II, p. 585.

APPLICATION DES PRINCIPES
DE LA THERMODYNAMIQUE
A L'ÉTUDE DE LA FUSION ET DE LA SOLIDIFICATION

Nous allons maintenant nous occuper d'autres changements d'états :

1° passage de l'état solide à l'état liquide ou *fusion* ;

2° passage de l'état liquide à l'état solide ou *solidification*.

Voyons d'abord s'il est possible d'appliquer à un mélange d'un solide et du liquide produit de sa fusion, à un mélange d'eau et de glace par exemple, le calcul que nous avons développé pour un mélange d'eau et de vapeur. Dans notre étude intervenait la pression maxima p de la vapeur qui était fonction de la température t seulement et non du volume v occupé par le mélange. Pour appliquer les résultats obtenus, il nous faut d'abord montrer qu'un mélange de glace et d'eau présente une pression maxima indépendante du volume et fonction seulement de la température t du mélange.

Soit dans un corps de pompe A, maintenu à une température constante t, un mélange de glace et d'eau ; le mélange supporte une certaine pression qui s'exerce par l'intermédiaire d'un piston P. Augmentons la pression, la température restant constante ; une certaine quantité de glace va fondre ;

comme la glace a un volume supérieur à l'eau qui résulte de
sa fusion, le piston descendra sans que la pression augmente ;
donc la pression est indépendante du volume tout à fait
comme dans le cas des vapeurs saturées.

Cette disposition suppose que $t = C^{te}$.
Cette condition fait que l'expérience paraît
ne pas réussir immédiatement ; elle ne
réussit que lentement. Cela se conçoit facilement, car une augmentation de pression
est accompagnée d'un phénomène thermique qui fait varier la température ; ce

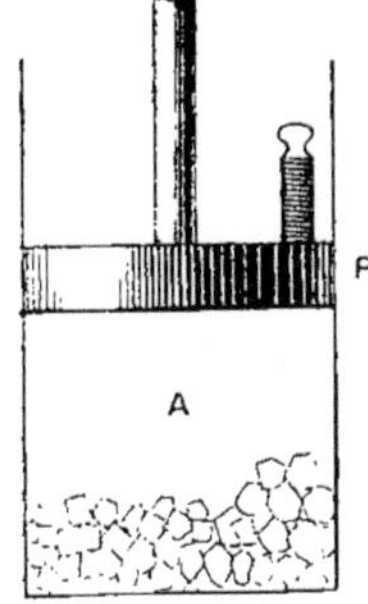

n'est qu'au bout d'un certain temps que la constance de la
température est obtenue.

Application de la formule de Clapeyron à la fusion.
— Ceci posé, nous pourrons appliquer au mélange du liquide
et du solide la formule de Clapeyron démontrée précédemment :

$$L = \frac{\theta}{E} (u' - u) \frac{dp}{dt}.$$

u' étant le volume spécifique de l'eau.

u celui de la glace,

θ la température absolue.

La formule de Clapeyron donne une relation entre la variation de la pression et la variation de la température de fusion. Si l'on fait varier la pression de dp, la température de
fusion varie de dt et l'on a :

$$dt = \frac{\theta}{EL} (u' - u)dp.$$

Pour l'eau à 0°, et $dp = 1$ atmosphère, on a :

$$dt = \frac{273}{425 \times 80000}\,(0{,}917 - 1) \times 10334$$

L est la quantité de chaleur qu'il faut fournir pour fonder l'unité de poids de glace. Or le travail étant mesuré en kilogrammètres, l'unité de longueur est le mètre, l'unité de volume est le mètre cube ; l'unité de poids est donc le poids du mètre cube d'eau, c'est-à-dire la tonne ; L est la quantité de chaleur qu'il faut fournir pour fondre 1000 kilogrammes de glace, soit 80000 calories.

Le calcul précédent effectué donne $dt = -\,0°{,}0074$. Ainsi, sous l'influence d'un accroissement de pression de 1 atmosphère, le point de fusion de la glace s'abaisse de 0°,0074. Il est à remarquer que dans cette question on a commencé par supposer dp et dt infiniment petits, cependant on donne à dp une valeur numérique considérable 10334. Toutefois, notre calcul est légitime. On doit considérer comme infiniment petites au point de vue pratique les quantités telles que si on leur donne une variation, les autres quantités varient proportionnellement, ou encore, si la proportionnalité n'existe pas, telles que la différence est un infiniment petit d'ordre supérieur. Dans le cas qui nous occupe, par exemple, dp variant de 1 atmosphère, la variation de $u' = 0{,}917$ est très faible, de l'ordre des millionnièmes comme les coefficients de compressibilité ; cette variation peut donc être considérée comme infiniment petite par rapport à dp ou dt.

Expériences de James Thomson. — On doit à James Thomson des expériences pour la vérification des conclusions théoriques que nous venons d'exposer. Un mélange de glace

et d'eau est comprimé dans un piézomètre. En enfonçant le
piston à vis, on produit un accroissement de pression ; la température est donnée par un thermomètre placé à l'intérieur
d'une enveloppe de verre qui empêche la déformation du réservoir sous l'influence de la pression. La pression est
donnée par un petit manomètre à air comprimé. Le résultat
obtenu pour l'abaissement du point de fusion, dû à une augmentation de pression. est sensiblement égal à la valeur calculée. M. J. Thomson a trouvé — 0,0075.

Les expériences de M. Tyndall sur le regel et la fabrication
par pression de lentilles de glace offrent aussi une vérification
qualitative de la théorie précédente.

**Variation de la température de fusion avec la pres-
sion.** — Le signe du phénomène, qui résulte d'une variation
de la pression, est réglé par le signe de $u' - u$; les autres
quantités E, L sont toujours positives.

Si $u' - u$ est négatif, (eau, fonte de fer, antimoine. bismuth)
c'est-à-dire si le corps diminue de volume en fondant $(u' < u)$.
à un accroissement de la pression correspond
un abaissement de la température de fusion
$(dt < o$ pour $dp > o)$. Si au contraire $u' - u$
est positif (c'est le cas général des corps qui
augmentent de volume par la fusion), à un
accroissement de la pression correspond une
élévation de la température de fusion.

Expériences de Bunsen. — La vérification expérimentale de ce fait est due à
Bunsen qui a opéré principalement sur le
blanc de baleine et la paraffine. Son appareil rappelle par
sa forme celui qui a servi à Cagniard de La Tour dans l'étude de

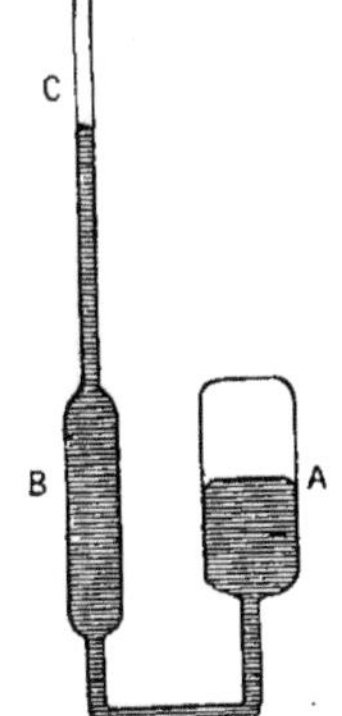

la vaporisation totale. C'est un tube à deux branches d'inégale longueur ; la partie inférieure contient du mercure ; au-dessus du mercure, en A, on introduit la substance sur laquelle on opère ; la partie supérieure de la grande branche sert de manomètre à air comprimé. L'appareil est plongé dans un bain dont on peut élever la température ; la pression sous laquelle se produit la fusion est mesurée par le manomètre à air comprimé ; un thermomètre donne la température correspondante du bain.

Voici un tableau des résultats de Bunsen (1).

SUBSTANCES	PRESSIONS EN ATMOSPHÈRES	TEMPÉRATURES DE FUSION
	1	47,7
Blanc de Baleine	29	48,3
	96	49,7
	256	50,9
	1	46,3
Paraffine	85	48,9
	100	49,9

Expériences de MM. Mousson et Hopkins. — Comme on le voit dans toutes ces expériences, on n'a jamais observé

(1) *Pogg. Ann.*, t. LXXXI ; p. 572, 1850, et *Ann. de Ch. et Phys.* t. XXXV ; p. 383, 1852.

que de faibles variations de température. Pour avoir des
variations de température plus importantes, il faudrait exer-
cer des pressions très considérables. C'est ce qu'a essayé de
faire M. Mousson. Un bloc cylindrique d'acier P est percé
suivant son axe d'une cavité que l'on ferme à la partie inférieure par une vis E. La cavité est bouchée à son autre extrémité par un piston plongeur B ; un écrou H vissé sur le bloc
d'acier P et manœuvré à l'aide d'un levier permet de faire avancer le piston plongeur B dans l'intérieur de la cavité.

On commence par renverser l'appareil
et remplir d'eau le corps de pompe A en
dévissant E ; on y introduit un petit index
de cuivre T, on fait congeler l'eau ; puis
on ferme l'ouverture E à l'aide de la vis.
L'appareil étant ainsi préparé, on le retourne, on le place dans un mélange réfrigérant et on comprime la glace en faisant avancer l'écrou E ; M. Mousson a pu
obtenir des pressions qu'il évalue jusqu'à
13 000 atmosphères. Il a constaté que dans

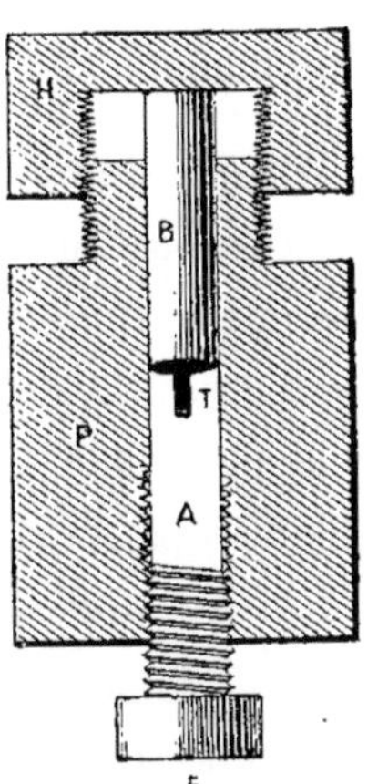

ces conditions à — 18° l'eau est encore à l'état liquide. Le
petit index T se déplace quand on retourne l'appareil ; on
perçoit le bruit de son choc contre la partie inférieure.

M. Hopkins a repris cette étude par un procédé analogue à
celui de M. Mousson ; il a opéré sur le blanc de baleine, la cire,
la stéarine et le soufre. Il obtint les résultats suivants :

PRESSIONS en ATMOSPHÈRES	TEMPÉRATURES DE FUSION			
	BLANC DE BALEINE	CIRE	STÉARINE	SOUFRE
1	51°	64°5	72°5	107°
519	68	74,6	73,6	135,2
793	80,2	80,2	79,2	140,5

Application à la géologie. — Les considérations qui précèdent ont une grande importance en géologie. Lorsqu'on descend de 10 mètres dans l'épaisseur de la couche terrestre, l'accroissement de la pression est de 10 atmosphères. Si on descend de 1 kilomètre, l'accroissement est de 300 atmosphères, et pour 100 kilomètres de 30000 atmosphères. En extrapolant les résultats relatifs à la cire, on trouve qu'à 100 kilomètres à l'intérieur de la terre, la cire ne fondrait que vers 600 degrés, c'est-à-dire au rouge.

On a des raisons de considérer la température de la masse intérieure du globe comme très élevée. On peut se demander quelles seraient les déformations d'un globe terrestre supposé liquide. Les attractions du soleil et de la lune sur les masses liquides qui sont à la surface du globe produisent le phénomène des marées ; si le globe était liquide, toute sa masse participerait à ce phénomène. Si la plus grande partie du globe était liquide, l'écorce terrestre serait soulevée par l'action de la marée intérieure. En supposant le globe soumis à ces attractions, Sir W. Thomson a calculé quelle devrait être sa rigidité pour qu'il pût résister à toute déformation ; il a trouvé qu'elle était supérieure à celle de l'acier. Donc, non seulement la masse terrestre n'est pas à l'état liquide, mais le globe présente une rigidité plus grande que celle de l'acier.

MODIFICATIONS ALLOTROPIQUES

Expériences de MM. Mallard et Le Chatelier. — Un corps peut changer de propriétés physiques sans changer d'état physique sous l'influence de la pression ou d'une élévation de température. MM. Mallard et Le Chatelier (1) ont étudié à ce point de vue l'iodure d'argent. A la température ordinaire ce corps se présente sous la forme de beaux cristaux jaunes biréfringents appartenant au système hexagonal. Lorsqu'on le chauffe à 146°, il subit un changement allotropique, devient cubique et monoréfringent ; en même temps il change de couleur en passant du jaune au rouge, et de volume en diminuant de densité. La température de 146° est pour ce corps une sorte de point de fusion ; au-dessous, on a la modification jaune, au-dessus, la modification rouge. Ce phénomène est donc comparable à celui de la fusion ; on peut se demander s'il serait possible d'abaisser la température de transformation par une variation de la pression.

Pour résoudre cette question, MM. Mallard et Le Chatelier ont enfermé de l'iodure d'argent hexagonal dans un cylindre d'acier analogue à celui de M. Mousson. Par la compression on abaisse la température de transformation jusqu'à la tem-

(1) MALLARD et LE CHATELIER. — *Sur le dimorphisme de l'iodure d'argent.* (*Journal de Physique*, 2ᵉ série, t. IV, juillet 1885, p. 305.)

pérature ordinaire ; la pression correspondante ne peut être connue exactement, on sait seulement que cette pression est très considérable ; on l'a évaluée approximativement à

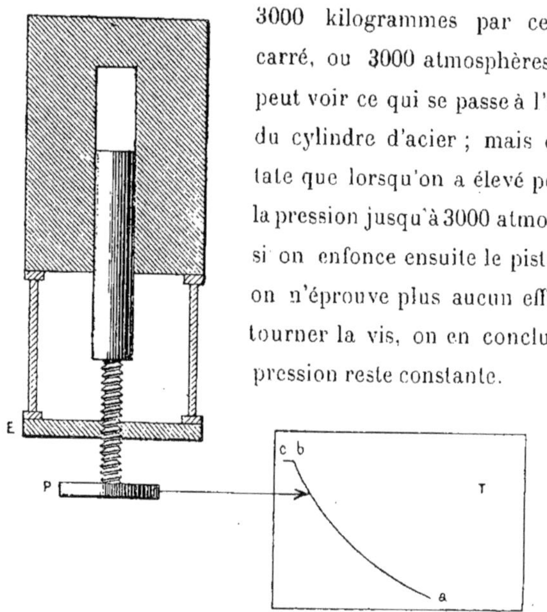

3000 kilogrammes par centimètre carré, ou 3000 atmosphères. On ne peut voir ce qui se passe à l'intérieur du cylindre d'acier ; mais on constate que lorsqu'on a élevé peu à peu la pression jusqu'à 3000 atmosphères, si on enfonce ensuite le piston à vis, on n'éprouve plus aucun effort pour tourner la vis, on en conclut que la pression reste constante.

On a même cherché à trouver la courbe qui relie les volumes et les pressions. Pour cela, devant la tête de la vis on déplace horizontalement un tableau noir d'une quantité proportionnelle au déplacement du piston. La variation de l'abscisse est alors la variation du volume de l'iodure. La variation de la pression était donnée par un manomètre inscripteur qui inscrivait à chaque instant les ordonnées sur le tableau , on obtient d'abord une courbe inclinée *ab*, puis. quand on arrive au voisinage de 3000 atmosphères, la courbe suit une ligne presque horizontale.

Le changement allotropique d'iodure jaune en iodure rouge
est accompagné d'une absorption de chaleur de 6^{cal},8 par kilogramme.

DISSOLUTION DES GAZ

Considérons le cas des gaz peu solubles dans l'eau, mais
s'y dissolvant sans action chimique, par exemple l'acide carbonique, l'air, l'oxygène. On peut appliquer à ces gaz la loi
de Dalton; il y a un coefficient de solubilité déterminé, le poids
des gaz qui se dissout est proportionnel à la pression extérieure
du gaz.

Soient λ le coefficient de solubilité, V le volume occupé par le
gaz au-dessus du liquide, V_1 le volume du liquide. Le volume
du gaz dissous mesuré sous la pression finale p exercée par le
gaz au-dessus du liquide est λV_1, de sorte que le volume total
du gaz mesuré sous une pression égale à l'unité est d'après la
loi de Mariotte $p(V + \lambda V_1)$; d'après la loi de Gay-Lussac, on
a :

$$(1) \qquad p(V + \lambda V_1) = K\theta.$$

Calculons la chaleur latente de dissolution. La formule de
Clapeyron donne :

$$l = \frac{\theta}{E} \frac{dp}{dt}.$$

Or, de (1) on tire $\frac{dp}{dt}$. Il suffit pour cela de remarquer que
le coefficient de solubilité λ est une fonction de la température,
et que les volumes V et V_1 doivent rester constants ; on a

alors :

$$\frac{dp}{dt}(V + \lambda V_1) + pV_1 \frac{d\lambda}{dt} = K$$

d'où

$$\frac{dp}{dt} = \frac{K - pV_1 \dfrac{d\lambda}{dt}}{V + \lambda V_1} \;;$$

or

$$V + \lambda V_1 = \frac{K\theta}{p}$$

d'où

$$\frac{dp}{dt} = p\,\frac{K - pV_1 \dfrac{d\lambda}{dt}}{K\theta} = \frac{p}{\theta} - \frac{p^2}{K\theta} V_1 \frac{d\lambda}{dt}.$$

On en tire
$$l = \frac{1}{E}\left(p - \frac{p^2 V_1}{K} \frac{d\lambda}{dt}\right).$$

Si l'on avait $\dfrac{d\lambda}{dt} = 0$, l serait proportionnel à p ; donc tout se passerait comme si l'on avait affaire à un gaz parfait. En réalité $\dfrac{d\lambda}{dt}$ n'est pas nul, en général $\dfrac{d\lambda}{dt} < 0$; donc le deuxième terme est positif ; la valeur de l est donc toujours positive et par suite, lorsqu'on fait dissoudre un gaz, il y a dégagement de chaleur ; lorsqu'on chasse un gaz d'une dissolution, il y a absorption de chaleur.

Les vérifications expérimentales manquent à peu près complètement ; les seules études qui aient été faites sont relatives à la dissolution de l'ammoniaque et de l'acide sulfureux, or ces gaz n'obéissent pas à la loi de Dalton et par suite la formule que nous avons trouvée ne leur est pas applicable (1).

---

(1) Jusqu'ici nous nous sommes servis indifféremment des divers systèmes d'unités. L'étude des phénomènes électriques que nous allons entre-

APPLICATION DES PRINCIPES
DE LA THERMODYNAMIQUE
A L'ÉTUDE DES PHÉNOMÈNES THERMOÉLECTRIQUES

Pour faire l'application analytique des principes de la Thermodynamique, il faut que le cycle des transformations soit fermé, réversible, et que, pendant qu'on parcourt le cycle, du travail mécanique soit produit. Donc, avant d'entreprendre l'application de ces principes aux phénomènes thermoélectriques, nous devrons constater que ces conditions sont satisfaites ; elles le sont toujours dans le cas des phénomènes thermoélectriques présentés par les métaux.

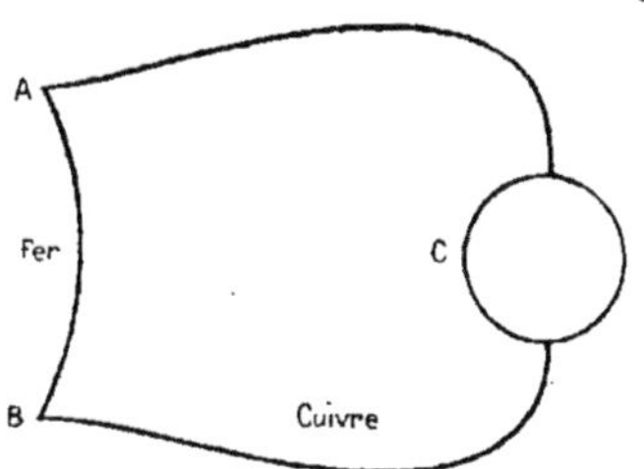

Pour le constater, imaginons un circuit comprenant deux soudures thermoélectriques A et B et un moteur magnétoélectrique C. Ce circuit est une

prendre exige que nous fassions un choix parmi ces systèmes. Dans les études précédentes nous avons fait principalement usage du kilogrammètre et de la thermie correspondante ; dans l'étude des phénomènes dépendant à la fois de la chaleur et de l'électricité, le choix des unités absolues C.G.S s'impose, car toutes les grandeurs électriques sont exprimées avec ces unités.

véritable machine thermique ; lorsque l'état stationnaire est établi on se trouve dans les conditions d'un cycle fermé et réversible. Lorsqu'on établit une différence de température entre les soudures A et B, il se développe dans le circuit un courant qui provoque le mouvement de la machine magné-toélectrique. Celle-ci développe à son tour une force électro-motrice d'induction qui va en croissant avec la vitesse ; lors-qu'elle devient égale à la force électromotrice thermoélec-trique, l'équilibre est établi. On se trouve alors dans les conditions requises pour la réversibilité. Une variation infi-niment petite de la vitesse peut détruire l'équilibre dans un sens ou dans l'autre. Il résulte de là que la machine est réver-sible quand le courant qui circule dans le fil à une intensité infiniment faible ; par suite, on ne recueillera qu'infiniment peu de travail pendant un temps fini. Si on veut recueillir une quantité finie de travail, il faudra faire fonctionner la machine pendant un temps infiniment long. Nous reconnais-sons là toutes les propriétés des machines réversibles.

Phénomène de Peltier. — Soient e la force électromotrice d'induction, dm la quantité d'électricité qui passe pendant le temps dt. On a, en désignant par i l'intensité du courant,

$$dm = idt.$$

Le travail produit par la machine est $edm = eidt$. Le tra-vail total pendant un temps fini sera donc $\int eidt$; ce travail pourra avoir une grandeur finie si les limites de l'intégrale sont assez écartées. Ce travail correspond à la quantité de cha-leur dégagée dans le circuit d'après la loi de Joule, soit à

$\int ri^2 dt$ (r désignant la résistance du circuit total) (1).

Comparons ces deux intégrales $\int e i dt$ et $\int r i^2 dt$ supposées prises entre les mêmes limites. Si i est infiniment petit, la seconde intégrale est infiniment petite par rapport à la première. Or les conditions où il faut se placer pour appliquer les principes de la Thermodynamique, qui sont les conditions de réversibilité, supposent i infiniment petit ; donc la quantité de chaleur développée dans le circuit en vertu de la loi de Joule est négligeable. Mais puisqu'il y a production de travail, il faut que la chaleur correspondante soit absorbée quelque part. Elle est absorbée aux soudures. Nous verrons par la suite s'il y a d'autres causes d'absorption de chaleur. Supposons actuellement qu'il n'y ait de chaleur absorbée qu'aux soudures.

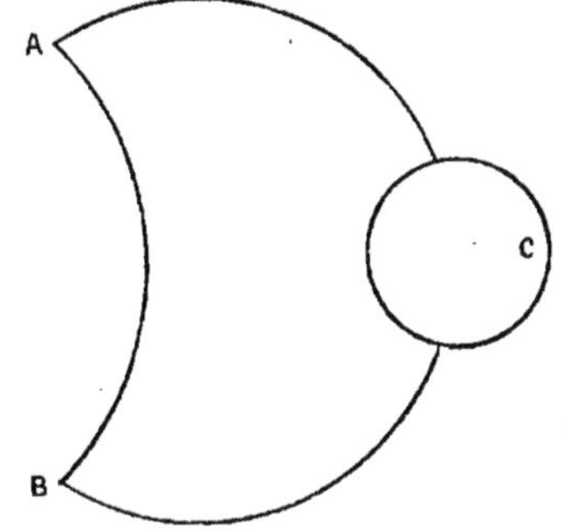

Soient A la soudure chaude à la température absolue θ, B la soudure froide à la température absolue θ' ; soient Q la quantité de chaleur prise à la soudure chaude, Q' la quantité de chaleur dégagée à la soudure froide. Le travail produit est

$$(1) \qquad \tau = Q - Q'$$

d'après le principe de l'équivalence. D'après le principe de

---

(1) Il faut bien remarquer qu'ici l'on n'a pas $e = ir$. Cette relation qui résulte de la loi d'Ohm n'est exacte que si le premier membre représente la somme algébrique des forces électromotrices qui se trouvent dans le circuit,

Carnot on a :

$$(2) \qquad \frac{Q}{\theta} - \frac{Q}{\theta'} = 0$$

par définition même de θ et θ', Q et Q' sont les quantités de chaleur qui interviennent dans l'effet Peltier.

Or dans ce phénomène, on sait par l'expérience que la quantité de chaleur dégagée à une soudure est proportionnelle à a quantité d'électricité qui passe. Cela est d'ailleurs évident théoriquement, l'état de la soudure étant maintenu le même, la quantité de chaleur est proportionnelle au temps et à l'intensité dont le produit est précisément la quantité d'électricité. Donc $Q = Km$, K étant une constante caractéristique de l'état actuel de la soudure, m la quantité d'électricité qui passe. De même $Q' = K'm$ pour la seconde soudure.

Donc
$$\frac{Q}{Q'} = \frac{K}{K'}$$

d'où $\qquad(2)'\qquad \frac{K}{\theta} - \frac{K'}{\theta'} = 0.$

D'autre part $\qquad \tau = \int e\,dm$

et, si e est constant. $\tau = e \int dm = em.$

D'ailleurs la force électromotrice dans le circuit, e. est la résultante des deux forces électromotrices inverses ε et ε' aux soudures A et B. Donc :

$$e = \varepsilon - \varepsilon'$$

d'où $\qquad(3)\qquad \tau = (\varepsilon - \varepsilon')\,m.$

La comparaison des équations (1) (2) (2)' et (3) nous conduit immédiatement à écrire :

$$K = \varepsilon \qquad\qquad K' = \varepsilon'$$

d'où
$$\frac{\varepsilon}{\theta} - \frac{\varepsilon'}{\theta'} = 0.$$

Ainsi : *Les forces électromotrices aux soudures sont proportionnelles aux températures absolues de ces soudures.*

Il en résulte qu'un tel couple thermoélectrique qui ne présenterait de phénomène thermique qu'aux soudures pourrait servir comme thermomètre absolu. Mais il reste à savoir si les conditions supposées remplies le sont réellement. Si l'équation $\frac{\varepsilon}{\theta} - \frac{\varepsilon'}{\theta'} = 0$ était toujours satisfaite, la force thermoélectrique totale développée serait proportionnelle à la différence de températures entre les soudures. Or, cette condition n'est jamais réalisée. Si on a, par exemple, un circuit composé de fer et de cuivre, on trouve qu'entre certaines limites la force électromotrice est proportionnelle à la différence des températures, passe par un maximum, puis décroît, il y a inversion. La plupart des circuits thermoélectriques présentent des phénomènes analogues ; la proportionnalité de la force électromotrice à la différence des températures n'a lieu que dans un certain intervalle.

Phénomène de Sir W. Thomson. Transport électrique de la chaleur. — Nous avons admis qu'il n'y avait de phénomènes thermiques qu'aux soudures ; cette hypothèse nous conduisant à des conséquences contraires à l'expérience, il est nécessaire d'examiner si en d'autres points du circuit il n'y a pas des quantités de chaleur mises en jeu.

Les points A et B du circuit étant supposés aux températures t et t' le long du circuit, la température varie d'une façon continue de t à t'. Supposons que le fil APB ne soit parcouru par aucun courant ; alors chaque point du circuit

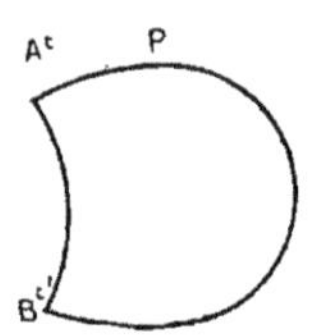

atteindra une température stationnaire. Pour
voir s'il se produit en P un effet Peltier,
plaçons-y un thermomètre qui d'abord prend
une température stationnaire t_1, puis faisons
passer le courant. Si par le passage il y a
dégagement de chaleur en P, la température stationnaire t_1
variera.

Mais dans cette expérience on pourrait craindre que la variation de la température stationnaire de P ne fût due à un
phénomène calorifique qui se produirait à la soudure voisine A.
Du chef de la perturbation en A résulterait une perturbation
en P. Pour se mettre à l'abri de cette perturbation, il faut ré-
péter l'expérience en supprimant les soudures. Prenons par
exemple un fil de cuivre AB. Maintenons une portion PQ du
fil à une température de 100°. Un thermomètre placé en un

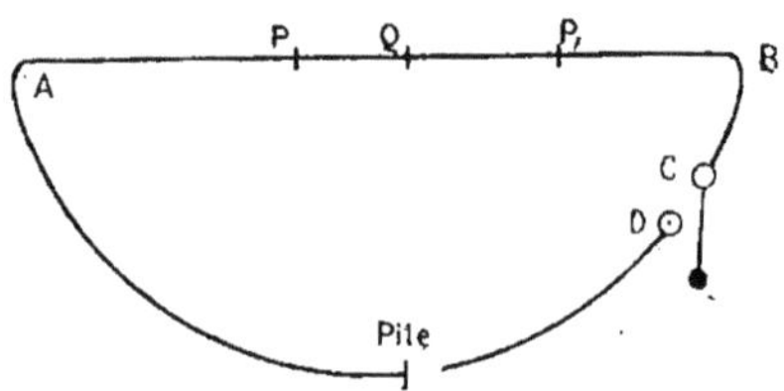

point P_1 du fil indique au bout d'un certain temps une
température stationnaire t ; les températures stationnaires des
divers points du fil décroissent d'une manière continue depuis
100° jusqu'à t_1. Faisons passer le courant en amenant la clef

du commutateur C sur le contact D, nous observerons que la température stationnaire variera et prendra une valeur t_1' différente de t_1.

Représentation graphique du phénomène. — On peut facilement représenter graphiquement cette dissymétrie dans la distribution des températures le long du circuit.

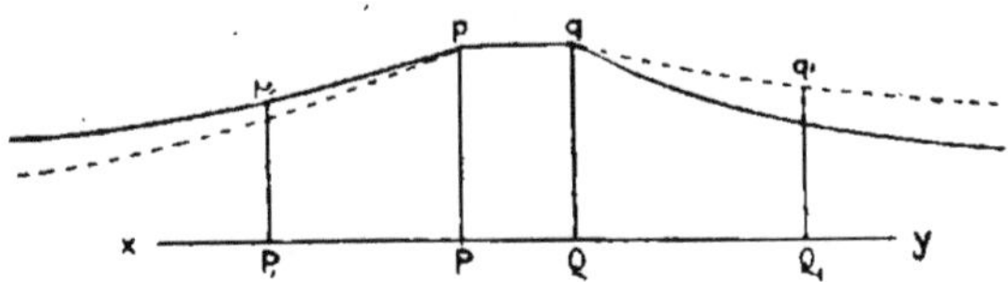

Supposons le circuit développé suivant une droite xy ; la portion PQ est portée à 100° ; nous prendrons sur des perpendiculaires à la droite xy des longueurs proportionnelles aux températures. Les extrémités de ces perpendiculaires formeront la courbe représentative des températures ; de P en Q la température étant constante et égale à 100°, la courbe se réduit à une parallèle pq à xy. Le fil étant supposé homogène, il est évident que si aucun courant ne passe, les points P_1 et Q_1 symétriques par rapport au milieu de PQ atteindront une même température stationnaire t_1. La courbe des températures sera donc composée de deux branches symétriques par rapport à la perpendiculaire à xy menée par le milieu de PQ.

Faisons passer le courant. Les températures stationnaires que prennent les points P_1 et Q_1 sont alors différentes. Le courant produit de part et d'autre de PQ des effets thermiques de sens contraires. D'un côté de PQ toutes les ordonnées de la courbe des températures seront augmentées, de l'autre,

elles seront diminuées. La courbe prendra la forme représentée en pointillé. En réalité tout se passe comme si une certaine quantité de chaleur avait été transportée d'un côté de
PQ à l'autre. C'est pourquoi sir W. Thomson, qui a le premier
découvert ce phénomène, l'avait appelé le *transport électrique
de la chaleur*.

Le phénomène du transport électrique de la chaleur peut
être constaté avec presque tous les métaux. Pour le plomb,
toutefois, les variations de température sont trop faibles pour
pouvoir être mesurées.

**Relation théorique entre le phénomène de Sir W.
Thomson et le phénomène de Peltier.** — On peut se faire
une idée de la possibilité du phénomène de Sir W. Thomson
par les considérations suivantes. Au contact de deux métaux de
natures différentes, il se produit toujours un effet Peltier. Considérons alors un fil homogène chimiquement, mais dont les
températures varient d'une façon continue le long du fil. Une
section quelconque partage le fil en deux parties qui sont à des
températures différentes ; ces deux parties peuvent donc être
considérées comme étant de natures différentes ; on a finalement deux fils hétérogènes au contact. Il se pourrait donc que
la différence de température des diverses sections du fil fût
suffisante pour expliquer l'effet Thomson. Mais on peut
remarquer de plus que les corps solides sont toujours soumis
à des tensions intérieures qui peuvent varier avec sa température. Une tranche échauffée est plus dilatée que la
tranche voisine ; la variation des tensions intérieures, dans ce
cas, peut être mise en évidence : par exemple, une baguette
de verre chauffée en un de ses points se casse. Un fil chimiquement homogène peut même servir à construire un couple

thermoélectrique. En effet un fil tendu se comporte par rapport à un fil non tendu de même métal comme un fil de métal différent.

Remarque. — Il résulte de cette étude que le circuit tout entier est le siège de phénomènes thermiques ; donc les hypothèses simples sur lesquelles nous avions basé notre premier raisonnement ne sont pas satisfaites.

Supposons nous simplement placés dans les conditions de réversibilité. Soient P_1 un point quelconque du circuit. θ_1 la température absolue de ce point. dQ_1 la quantité de chaleur absorbée en ce point. L'intégrale $\int \frac{dQ_1}{\theta_1}$ étendue à tous les points du circuit fermé est nulle. car le cycle est supposé réversible. Donc $\int \frac{dQ}{\theta} = 0$. D'ailleurs, d'après le principe de l'équivalence, on a $\mathfrak{T} = \int dQ$. C'est là tout ce que l'on peut dire, car il est impossible d'expliciter les équations. Si on veut faire une théorie des couples thermoélectriques, il faut nécessairement éliminer l'effet Thomson ; il est impossible de le faire avec la disposition d'une soudure froide et d'une soudure chaude.

Influence de la conductibilité du circuit. — Pour bien faire comprendre la complexité du problème, nous rappellerons qu'il est encore d'autres phénomènes thermiques que nous avons négligés. La quantité de chaleur dégagée dans le fil par le partage du courant est, nous l'avons dit, négligeable, mais il n'en est pas de même de celle qui traverse le fil par conductibilité.

La chaleur que perd une soudure A dépend des conditions de l'expérience. Elle peut être réduite à son minimum qui est la perte par conductibilité, si la soudure est entourée de substances mauvaises conductrices empêchant la perte de chaleur par convexion au contact de l'air froid. On peut alors comparer la chaleur enlevée à la soudure par le phénomène de Peltier à la chaleur mise en jeu par la conductibilité.

L'effet Peltier est proportionnel à l'intensité du courant, par suite proportionnel à la conductibilité électrique, c'est-à-dire $\frac{\rho s}{l}$. La quantité de chaleur transportée par conductibilité calorifique est $\frac{\rho' s}{l}$. Le rapport des deux quantités de chaleur est celui des quantités ρ et ρ', donc $\frac{\rho}{\rho'}$.

Ce rapport des coefficients de conductibilité électrique et calorifique est sensiblement le même pour les différents métaux ; l'ordre des conductibilités pour la chaleur et pour l'électricité est le même. Toutefois il faut remarquer que ces quantités sont mal déterminées. Deux échantillons d'un même métal peuvent avoir des conductibilités différentes ; il faudrait opérer les mesures caloriquement et électriquement sur les mêmes échantillons de fil. Le rapport $\frac{\rho}{\rho'}$ n'est pas négligeable.

On trouve que la quantité de chaleur mise en jeu par la conductibilité est 300 fois plus considérable que celle qui est enlevée par l'effet Peltier.

On peut se demander s'il n'y aurait pas une relation entre les phénomènes thermoélectriques et la conductibilité calorifique. C'est là une question que l'état actuel de la science ne permet pas de résoudre.

Application des principes à un circuit particulier. — On peut envisager les phénomènes thermoélectriques sous un autre point de vue. Soit un circuit fermé. Si tous les points

du circuit sont à la même te.npérature, il n'y a pas de phénomène électrique. Si on veut produire un phénomène électrique,
il faut détruire la symétrie en ne fermant pas le circuit.

Soit un circuit composé de fer et de cuivre ; terminons le
fil de fer par un plateau de fer, le fil de cuivre par un plateau
de cuivre. Nous formerons ainsi un condensateur qui se char-
gera, c'est l'expérience de Volta. La température étant t, on
observera une attraction entre les deux plateaux. Si la température devient t', la charge du condensateur changera, l'attraction changera. Dans ce cas, le phénomène de Sir W.
Thomson est éliminé, puisque la température est uniforme. On
peut d'ailleurs faire parcourir à ce système un cycle de Carnot.

Soient x la distance entre les deux lames, F' la force d'attraction. Les déformations du système à température constante
constituent les isothermes ; celles qui s'opèrent à chaleur constante correspondent aux adiabatiques. Appliquons à ce système les principes de la Thermodynamique.

Soit dm la quantité d'électricité qui traverse le fil en un
point pendant que la température varie de dt. On a

$$dQ = cdt + ldm.$$

l étant la chaleur absorbée au point considéré lorsque, la température restant constante, l'unité d'électricité traverse le fil ;
c'est donc une quantité qui représente l'effet Peltier. D'autre
part $$d\mathfrak{A} = edm.$$

Donc $$dU = edm - (cdt + ldm)$$

en exprimant les quantités de chaleur en thermies, d'où les
équations de condition

$$(1) \qquad \frac{dc}{dm} = \frac{dl}{dt} - \frac{de}{dt}$$

$$\text{et} \qquad (2) \qquad \frac{l}{\theta} = \frac{dl}{dt} - \frac{dc}{dt}.$$

On en déduit l'équation de Clapeyron : $l = \theta \dfrac{de}{dt}$.

Cette analyse ne résout pas entièrement le problème. On ne sait en effet s'il n'existe pas de force électromotrice particulière entre les deux plaques, c'est-à-dire dans l'épaisseur du diélectrique. S'il y avait une de ces forces électromotrices, deux cas pourraient se présenter :

1° elle ne serait pas fonction de la température ; alors l n'en dépendrait pas ;

2° elle serait fonction de la température ; alors l en dépendrait. Or l est l'absorption de chaleur au siège de la force électromotrice ; il en résulterait ce fait singulier qu'il suffirait de charger un condensateur hétérogène pour faire varier la température à sa surface. L'expérience n'a pas été tentée, de sorte que la discussion complète de $l = \theta \dfrac{de}{dt}$ n'est pas possible et qu'on ne sait pas où est le siège de la force électromotrice.

PILES HYDROÉLECTRIQUES

Piles fonctionnant suivant un cycle fermé et réversible. — Pour qu'on puisse appliquer à une pile les principes de la Thermodynamique, il faut d'abord que le système des corps qui la constituent parcoure un cycle fermé. Or, si on laisse la pile s'épuiser, le cycle n'est pas fermé. Pour avoir un cycle fermé, il faut se placer dans des circonstances convenables, par exemple prendre des piles *régénérables* dont la force électromotrice soit variable avec la température. Les piles au chlorure d'argent, dont les forces électromotrices sont plus grandes à chaud qu'à froid, rentrent dans ce type.

Prenons par exemple un élément de pile au chlorure d'argent et cherchons à lui faire parcourir un cycle fermé avec production de travail. Il suffit pour cela de le placer dans un circuit comprenant une machine magnétoélectrique. Supposons qu'on chauffe l'élément de pile, la force électromotrice augmentant, il en résultera un courant qui produira le mouvement de la machine magnétoélectrique. On pourra ainsi, en dépensant une quantité de chaleur Q, recueillir un travail $\mathfrak{C}$. On laisse ensuite l'élément se refroidir ; une quantité de chaleur Q' est restituée : on fait fonctionner la machine magnétoélectrique en dépensant un travail $\mathfrak{C}'$, ce travail sera employé à produire un courant de sens inverse à celui qui avait pris naissance dans la première phase de l'expérience. Par suite le travail τ' à fournir sera plus petit que τ, car la force électromotrice à vaincre est plus faible que la force électromotrice qui avait produit le mouvement. En même temps, ce courant de sens inverse régénérera l'élément de pile et le ramènera à son état primitif.

Le système parcourt donc un cycle fermé et réversible où du travail est produit. C'est là une véritable machine thermique dont l'électricité serait un des rouages.

Les propriétés de ces piles ont été étudiées par Helmholtz (1).

Nous pouvons les étudier en suivant une marche un peu différente.

Application des principes de la Thermodynamique. Soient e la force électromotrice de l'élément, m la quantité d'électricité qui a traversé le circuit à un instant quelconque, θ la température absolue. Le fonctionnement de l'élément altère la

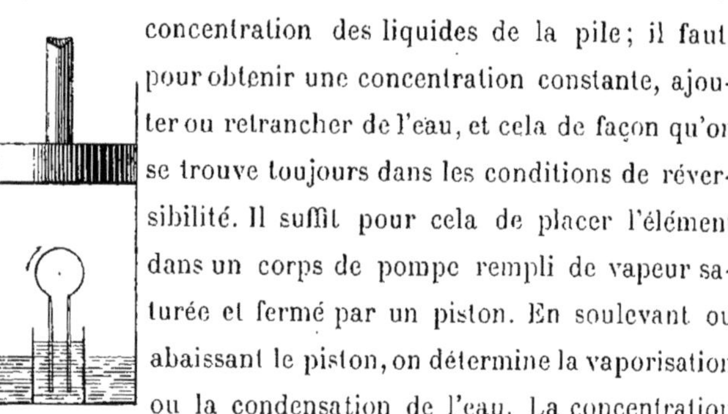

concentration des liquides de la pile; il faut, pour obtenir une concentration constante, ajouter ou retrancher de l'eau, et cela de façon qu'on se trouve toujours dans les conditions de réversibilité. Il suffit pour cela de placer l'élément dans un corps de pompe rempli de vapeur saturée et fermé par un piston. En soulevant ou abaissant le piston, on détermine la vaporisation ou la condensation de l'eau. La concentration du liquide de la pile dépend donc du volume total v de l'eau et de la vapeur. Ceci posé, le principe de l'équivalence donne :

$$dU = d\tau - dQ.$$

<hr>

(1), *Thermodynamique des phénomènes chimiques* par M. N. Helmholtz, traduit par M Chaperon dans le *Journal de Physique*, 1884. 2ᵉ série, t. III, p. 396.

Les quantités de chaleur sont exprimées en thermies. D'ailleurs, le travail $d\mathfrak{C}$ se compose de deux termes :

1° le travail edm, dû à la quantité d'électricité dm ;

2° le travail pdv, dû au déplacement du piston ; par suite

$$d\mathfrak{C} = edm + pdv.$$

D'autre part $dQ = cd\theta + \lambda dm + ldv.$

c étant la capacité calorifique du système sans courant et à volume constant, λ la chaleur absorbée lorsque, le volume et la température restant constants, l'unité d'électricité traverse le circuit, enfin l la chaleur latente de vaporisation à température constante quand le courant ne passe pas.

On a donc $dU = edm + pdv - (cd\theta + \lambda dm + ldv)$

ou $- dU = cd\theta + (\lambda - e)dm + (l - p)dv.$

Cette expression doit être une différentielle exacte, d'où :

$$(1) \qquad \frac{dc}{dm} = \frac{d\lambda}{d\theta} - \frac{de}{d\theta}$$

$$(2) \qquad \frac{dc}{dv} = \frac{dl}{d\theta} - \frac{dp}{d\theta}$$

$$(3) \qquad \frac{d\lambda}{dv} - \frac{de}{dv} = \frac{dl}{dm} - \frac{dp}{dm}.$$

De même, le principe de Carnot exige que

$$\frac{dQ}{\theta} = \frac{c}{\theta}\,d\theta + \frac{\lambda}{\theta}\,dm + \frac{l}{\theta}\,dv$$

soit une différentielle exacte.

De là

$$(4) \qquad \frac{dc}{dm} = \frac{d\lambda}{d\theta} - \frac{\lambda}{\theta}$$

$$(5) \qquad \frac{dc}{dv} = \frac{dl}{d\theta} - \frac{l}{\theta}$$

$$(6) \qquad \frac{d\lambda}{dv} = \frac{dl}{dm}.$$

Entre les équations (1) et (4) on peut éliminer $\dfrac{dc}{dm}$. On obtient alors :

$$(7) \qquad \lambda = \theta \frac{de}{d\theta} \qquad \text{équation d'Helmholtz.}$$

Emprunt de chaleur au milieu ambiant. — Si la force électromotrice e est fonction de la température, $\dfrac{de}{d\theta}$ n'est pas nul, donc λ n'est pas nul non plus. Or. λ est la quantité de chaleur absorbée quand, la température et la dilution restant constantes, le courant passe et que l'unité d'électricité parcourt le circuit. Cette quantité λ est toujours du signe de $\dfrac{de}{d\theta}$. Si $\dfrac{de}{d\theta} > 0$. c'est-à-dire si la force électromotrice croît avec la température. λ est positif ; donc, l'élément de pile emprunte de la chaleur au milieu ambiant quand le courant passe ; si on ne fournit pas de chaleur, l'élément de pile se refroidira.

Dans ces sortes de piles, l'énergie mise en jeu sous forme de courant n'est pas égale à l'énergie chimique mesurée au calorimètre ; elle lui est supérieure. La différence provient de ce que la chaleur empruntée au milieu ambiant vient s'ajouter à la chaleur dégagée dans les réactions chimiques du couple ; c'est la somme de ces deux quantités de chaleur que l'on peut transformer en travail électrique ou mécanique. Cette idée d'emprunt de chaleur a été émise et justifiée analytiquement par Helmholtz et vérifiée expérimentalement par Czapski (1).

Application. — Il est intéressant de connaître le rapport de la quantité d'énergie empruntée au milieu ambiant à la quantité totale d'énergie mise en jeu dans le circuit. L'énergie empruntée au milieu ambiant est λdm, l'énergie totale edm

Le rapport est
$$\frac{\lambda dm}{edm} = \frac{\lambda}{e} = \frac{\theta \dfrac{de}{d\theta}}{e}.$$

Or, $\dfrac{de}{d\theta}$ est la variation de la force électromotrice e par degré de température.

Élément Latimer-Clark. — Appliquons par exemple à l'élément Latimer-Clark. Cet élément a pour pôle négatif du mercure pur ; on le recouvre d'une pâte obtenue en faisant bouillir du sulfate mercureux avec une solution saturée de sulfate de zinc. Le pôle positif est une lame de zinc pur reposant sur la pâte. La force électromotrice de cet élément varie des 0,0006 de sa valeur par degré.

Ainsi, on a
$$\frac{1}{e} \frac{de}{d\theta} = 0,0006$$

et
$$\frac{\lambda}{e} = \theta \times 0,0006.$$

A $+ 27°$, c'est-à-dire pour une température absolue de 300°

on a
$$\frac{\lambda}{e} = 300 \times 0,0006 = 0.18.$$

(1) *Wied. Ann.*, t. XXI, p. 209, 1884 ; et *Journ. de Phys.*, 2ᵉ série, t. IV, p. 578 ; 1885.

Si on faisait travailler une machine magnétoélectrique avec un Latimer-Clark, 18 pour 100 du travail recueilli seraient dus à la chaleur empruntée au milieu ambiant.

Quand on met un excès de sel de zinc dans le Latimer-Clark de manière à avoir un excès de cristaux de sulfate de zinc, la variation de la force électromotrice par degré s'élève à 0,08 $^0/_0$ de sorte que, pour une température de 27°, 24 $^0/_0$ de la chaleur mise en jeu sont empruntés au milieu ambiant.

Application à la vérification indirecte de la loi de Wœstyn (1). — Entre les équations

$$(7) \qquad \lambda = 0\, \frac{de}{d\theta}$$

et $\quad$ (4) $\qquad \dfrac{dc}{dm} = \dfrac{d\lambda}{d\theta} - \dfrac{\lambda}{0}$

éliminons λ, on a $\qquad \dfrac{\lambda}{0} = \dfrac{de}{d\theta}$

et $\qquad \dfrac{d\lambda}{d\theta} = \dfrac{de}{d\theta} + 0\,\dfrac{d^2e}{d\theta^2}$

d'où $\quad$ (8) $\qquad \dfrac{dc}{dm} = 0\,\dfrac{d^2e}{d\theta^2}.$

Or c est la quantité de chaleur à fournir au système pour élever la température de 1° lorsque le courant ne passe pas ($dm = $ o) et que la dilution reste constante ($dv = $ o). $\dfrac{dc}{dm}$ est la variation de cette capacité calorifique résultant du passage de l'unité d'électricité dans la pile ; or quand cette unité d'électricité traverse l'élément, un équivalent de zinc s'est substitué

(1) Voir LIPPMANN, *Comptes-Rendus*, t. XCIX, p. 893 ; 1884.

à un équivalent de mercure. C'est la seule modification qu'a subie la pile, donc c'est à cette action chimique seule qu'est due la variation de $\dfrac{dc}{dm}$. D'ailleurs, d'après loi de Wœstyn, la chaleur spécifique d'un corps composé est la somme des chaleurs spécifiques des éléments qui le constituent. Si donc γ désigne la chaleur spécifique du zinc et γ' celle du mercure, la variation de la capacité calorifique résultant de la substitution des équivalents sera $\gamma Zn - \gamma' Hg$, Zn et Hg étant les équivalents du zinc et du mercure. Mais d'après la loi de Dulong et Petit : $\gamma Zn = \gamma' Hg$.

Donc, si la loi de Wœstyn est exacte, la variation de la capacité calorifique dans la transformation considérée est nulle ; par suite $\dfrac{dc}{dm} = 0$. Dans ce cas $\dfrac{d^2e}{d\theta^2} = 0$, alors e est ou constant ou fonction linéaire de θ.

Inversement, si on constate que dans un élément de pile la force électromotrice est indépendante de la température ou est fonction linéaire de la température, la loi de Wœstyn est satisfaite. On a donc là un moyen de vérifier l'exactitude de cette loi et ce procédé de vérification est susceptible d'une grande précision.

Prenons par exemple un Daniell réversible, c'est-à-dire à sulfate de zinc et sulfate de cuivre. Si la densité de la solution de sulfate de zinc est égale à 1,043, la force électromotrice est indépendante de la température ; la loi de Wœstyn est alors applicable. Si la dissolution est plus étendue, la force électromotrice croît avec la température ; si la dissolution est moins étendue, la force électromotrice décroît quand la température croît, mais sans qu'il y ait une relation linéaire entre e et θ.

La loi de Wœstyn n'est donc vérifiée que pour un degré donné de concentration, dans ce cas particulier.

M. Berthelot depuis longtemps déjà avait montré que si, dans une série d'actions chimiques, il y a changement d'état physique, dissolution d'un corps solide par exemple, la loi de Wœstyn n'est plus vérifiée. C'est pour cette raison que les éléments à dépolarisant solide sont sensibles aux variations de température.

On peut mettre en évidence cette action de l'état physique ; comme on l'a vu (page 210), si, dans un élément Latimer-Clark contenant une solution de sulfate de zinc saturée, on ajoute un excès de ce sel en cristaux, l'accroissement de la force électromotrice par degré de température passe de 0,06 $^0/_0$ à 0,08 $^0/_0$, c'est-à-dire augmente du tiers de sa valeur. Or les cristaux ne changent évidemment pas l'action chimique qui s'accomplit à l'intérieur de la pile.

La variation de la force électromotrice ne peut donc être attribuée qu'au changement d'état physique.

En résumé, les piles où un corps change d'état physique sont celles où il faut s'attendre à trouver une force électromotrice fonction de la température. C'est ce qui arrive pour les piles dans la composition desquelles entre un sel solide, par exemple les piles à chlorure d'argent, à calomel, les Latimer Clark, etc...

Relation entre la force électromotrice et la concentration. — Revenons à la discussion de nos formules. La comparaison des relations

$$(3) \qquad \frac{d\lambda}{dv} - \frac{de}{dv} = \frac{dl}{dm} - \frac{dp}{dm}$$

et   (6)
$$\frac{d\lambda}{dv} = \frac{dl}{dm}$$

donne la relation   (9) $\dfrac{de}{dv} = \dfrac{dp}{dm}$.

Pour comprendre la signification de cette équation, reportons-nous à notre point de départ (page 206). Si l'on abaisse le piston, on fait varier v et par suite p, de même si le courant passe, on fait varier la concentration et par suite p. Soit γ la concentration, c'est-à-dire le rapport du poids s de sel dissous au poids x du liquide dissolvant, $\gamma = \dfrac{s}{x}$. La concentration γ est évidemment fonction de v et de m,

de sorte que $\dfrac{de}{dv} = \dfrac{de}{d\gamma} \cdot \dfrac{d\gamma}{dv}$ et $\dfrac{dp}{dm} = \dfrac{dp}{d\gamma} \cdot \dfrac{d\gamma}{dm}$

d'où   (9) bis $\dfrac{de}{d\gamma} \cdot \dfrac{d\gamma}{dv} = \dfrac{dp}{d\gamma} \cdot \dfrac{d\gamma}{dm}$;

mais le volume v est la somme : 1° du volume du liquide ; 2° du volume de la vapeur ; 3° du volume C de l'élément.

Soient u le volume spécifique du liquide, u' le volume spécifique de sa vapeur. On a évidemment :

$$v = ux + u'(a - x) + C.$$

a étant le poids total de l'eau (liquide et vapeur). On en déduit :

$$v - au' - C = x(u - u') \quad \text{ou} \quad x = \frac{v - au' - C}{u - u'}.$$

Donc $\gamma = \dfrac{s}{x} = \dfrac{(u - u')s}{v - au' - C}$.

Or, s reste constant quand on fait varier v ;

donc
$$\frac{d\gamma}{dv} = - \frac{(u - u')s}{(v - au' - C_j^2}$$

ou
$$\frac{d\gamma}{dv} = - \frac{\gamma}{x(u - u')}.$$

D'autre part
$$\frac{d\gamma}{dm} = \frac{1}{x} \frac{ds}{dm} = \frac{\varepsilon}{x}$$

en posant $\varepsilon = \dfrac{ds}{dm}$; ε est le poids de sel qui se dissout ou qui se décompose par le passage de l'unité d'électricité, c'est donc l'équivalent électrochimique de l'élément.

La relation (9) *bis* devient alors :

$$- \frac{de}{d\gamma} \frac{\gamma}{x(u - u')} = \frac{dp}{d\gamma} \cdot \frac{\varepsilon}{x}$$

ou   (10)
$$\frac{de}{d\gamma} = \frac{dp}{d\gamma}(u' - u) \frac{1}{\left(\frac{\gamma}{\varepsilon}\right)}.$$

Cherchons la signification du rapport $\dfrac{\gamma}{\varepsilon}$. Or. γ est le poids de sel dissous dans l'unité de poids du liquide dissolvant ; $\dfrac{\gamma}{\varepsilon}$ est donc le nombre d'équivalents électrochimiques que contient un gramme du liquide dissolvant. Soit n ce nombre ; $\dfrac{\gamma}{\varepsilon} = n$; on a alors :

$$(10) \qquad \frac{de}{d\gamma} = \frac{dp}{d\gamma} (u' - u)\frac{1}{n}.$$

Cette relation (10) entre la force électromotrice et la tension

de vapeur est susceptible d'être vérifiée expérimentalement,
car pour certaines piles on connaît l'influence de γ sur e et
p. Pour la solution de chlorure de zinc en particulier, cette
équation est vérifiée à $\frac{1}{100}$ près. Pour des dissolutions éten-
dues, p est relié à γ d'une façon simple. D'après Wüllner :

$$p = p_0 - K\gamma \qquad \text{d'où} \qquad \frac{dp}{d\gamma} = - K.$$

K est la constante de Wüllner. L'équation (10) devient :

$$\frac{de}{d\gamma} = \frac{K(u - u')}{n} ;$$

cette relation peut également se vérifier.

Autre démonstration. — On peut donner de l'équation.
(10) une démonstration plus simple. Imaginons deux éléments
de pile à chlorure d'argent identiques, ayant même θ, même
γ, etc., et mettons-les en opposition ; puis, sur le circuit, inter-
calons une machine magnéto-électrique. Les deux éléments
étant de tous points semblables, leurs forces électromotrices
se compensent, et il ne se produit rien dans la machine magnéto-électrique. Si l'on fait fonctionner la machine, le passage d'une quantité d'électricité dm dans les deux éléments y
produit des actions chimiques de sens contraire. Dans l'un le
degré de concentration γ variera de $d\gamma$ et dans l'autre de $- d\gamma$.
La différence finale de concentration est $2d\gamma$; la différence
initiale était o ; donc la différence moyenne est $d\gamma$. La différence des forces électromotrices moyennes pendant le passage
du courant est donc $\frac{de}{d\gamma} d\gamma$, et le travail développé par la machine $\frac{de}{d\gamma} d\gamma\, dm$.

Revenons maintenant à l'état initial. Pour cela, remarquons qu'au début les deux éléments étant identiques les tensions de vapeur primitives étaient égales ; les concentrations ayant varié, les tensions sont inégales et la solution la plus étendue a la tension de vapeur la plus forte. Utilisons ces différences de tension à faire mouvoir un piston qui fera passer de la vapeur d'un élément à l'autre jusqu'à ce que, les concentrations étant redevenues identiques, les tensions de vapeur aient repris la même valeur. Évaluons le travail qui est ainsi fourni. Il est égal au produit de la variation moyenne du volume par la variation moyenne de la force élastique. Or la variation moyenne du volume est dv ; celle de la force élastique est $\frac{dp}{d\gamma} d\gamma$; donc le travail est $\frac{dp}{d\gamma} d\gamma dv$.

Je dis que ces deux travaux sont égaux. En effet, par cette double opération, on a rétabli la concentration initiale ; mais le poids de la dissolution a augmenté dans un des éléments, et diminué dans l'autre. On peut rétablir l'état initial en prenant avec une pipette un poids convenable de la dissolution dans l'élément qui en contient le plus, et le portant dans l'autre élément.

On a donc
$$\frac{de}{d\gamma} d\gamma dm = \frac{dp}{d\gamma} dv d\gamma,$$

ou
$$\frac{de}{d\gamma} dm = \frac{dp}{d\gamma} dv.$$

Soit d'ailleurs π le poids de vapeur qui a dû passer d'un élément à l'autre pour que la concentration soit rétablie ; c'est le poids d'eau qui était nécessaire pour dissoudre le poids

εdm de sel qui s'était déposé ; par suite on a

$$\frac{\varepsilon dm}{\pi} = \gamma,$$

d'où
$$dm = \frac{\pi\gamma}{\varepsilon}.$$

D'autre part, dv est la différence entre les volumes occupés respectivement par le poids π de vapeur et le poids π de liquide. Donc,

$$dv = \pi(u' - u)$$

d'où finalement
$$\frac{de}{d\gamma} \cdot \frac{\pi\gamma}{\varepsilon} = \frac{dp}{d\gamma}\,\pi\,(u' - u)$$

ou
$$\frac{de}{d\gamma} = \frac{dp}{d\gamma}\,(u' - u)\,\frac{1}{\dfrac{\gamma}{\varepsilon}}$$

identique à l'équation (10).

RENDEMENT DES MACHINES THERMIQUES

L'étude du rendement des machines thermiques a été l'ori-
gine de la Thermodynamique ; c'est en effet, comme nous
l'avons dit, en étudiant les conditions de meilleur rendement
des machines à vapeur que Carnot a été conduit à énoncer le
principe qui porte son nom.

Cette étude du rendement est très complexe pour les machines à vapeur qui sont les machines thermiques les plus employées, car, si l'on connaît bien les propriétés des vapeurs
saturées, il n'en est pas de même de celles des vapeurs sèches
que l'on connaît seulement par des formules empiriques.
D'ailleurs l'équation adiabatique de la vapeur d'eau est
inconnue ; de plus, dans le corps de pompe, la détente ne
se fait ni suivant une adiabatique, ni suivant une isotherme
de là vapeur, parce qu'il y a emprunt de chaleur au corps de
pompe. Enfin, la température n'est pas la même en chaque point
de la masse de la vapeur. Le rendement d'une machine à vapeur
ne sera donc pas celui d'une machine thermique parfaite.

Rendement pratique d'une machine à vapeur. — Au
point de vue pratique, le rendement varie avec la machine à
vapeur que l'on considère ; d'une façon générale, les bonnes

machines consomment un kilogramme de charbon par heure et par cheval-vapeur ; les mauvaises en consomment deux et plus. La plupart des machines consomment des poids de charbon intermédiaires.

Calculons le rendement d'une bonne machine en supposant qu'elle consomme 1 kilogramme de charbon par heure et par cheval. Le charbon est une substance mal définie. La quantité de chaleur dégagée par la combustion de 1 kilogramme de charbon est, en moyenne, 7500 calories. Or le travail produit est un cheval-vapeur $= 75$ kilogrammètres par seconde ; donc, en une heure, le travail produit est $75 \times 60 \times 60$. La quantité de chaleur équivalente est $\dfrac{75 \times 3600}{425}$. Le rendement, c'est-à-dire le rapport entre la quantité de chaleur utile et la quantité de chaleur dépensée, est :

$$\frac{\dfrac{75 \times 3\,600}{425}}{7\,500} = \frac{36}{425} = 0{,}08.$$

Ainsi, une bonne machine à vapeur ne transforme en travail que $8\,^0/_0$ de l'énergie qu'on lui fournit ; pour les mauvaises machines, le rendement serait de $4\,^0/_0$ seulement.

Rendement d'une machine parfaite. — Comparons ce résultat pratique au rendement théorique d'une machine thermique parfaite. Comme on l'a vu, le rendement est le rapport de la quantité de chaleur transformée en travail à la quantité de chaleur fournie par la source chaude ; c'est

$$\frac{Q - Q'}{Q} = \frac{\theta - \theta'}{\theta}$$

θ et θ' étant les températures absolues des sources chaude et froide.

D'ailleurs, si l'on prend $\theta = 273 + t$ et $\theta' = 273 + t'$.

on a
$$\frac{\theta - \theta'}{\theta} = \frac{t - t'}{273 + t}$$

Le rendement d'une machine sera donc connu si on connaît les quantités t et t' relatives à cette machine. Prenons le cas d'une machine à moyenne pression travaillant à 5 atmosphères ; alors la température de la chaudière est celle à laquelle la force élastique maxima de la vapeur est égale à 5 atmosphères ; les tables de Regnault donnent $t = 150°$, la température du condenseur t' peut être prise égale à 40° ; donc, si la machine était parfaite, son rendement serait :

$$\frac{t - t'}{273 + t} = \frac{150 - 40}{273 + 150} = \frac{110}{423} = 0.26.$$

Ainsi, le rendement théorique est de 26 %, tandis que le rendement réel est au maximum de 8 p %. Donc une très bonne machine est environ quatre fois plus faible qu'une machine parfaite fonctionnant entre les mêmes limites de température.

Causes de l'infériorité du rendement pratique. — La différence entre le rendement théorique et le rendement pratique tient à des causes multiples ; nous allons les passer en revue successivement.

1° *Pertes par la chaudière.* — Une portion de la chaleur du combustible est employée à échauffer l'eau de la chaudière ; une autre portion, inutilisée, se perd dans la cheminée et ne sert qu'à activer le tirage. Pour diminuer la perte provenant de ce chef, il faut diminuer la grandeur du foyer et augmenter la surface de chauffe. Le plus souvent, la proportion de chaleur utilisée est comprise entre 60 et 80 $^0/_0$. Le rendement total est 8 $^0/_0$ ou 0,08, soit en nombre rond $^1/_{10}$; si toute la chaleur fournie par le combustible était utilisée à la chaudière, le rendement serait x.

Donc
$$\frac{6}{10}\,x = \frac{1}{10}$$

d'où
$$x = \frac{1}{6} = 0,16.$$

Le rendement pratique serait donc de 16 $^0/_0$ et présenterait encore une différence de 10 $^0/_0$ sur le rendement théorique.

2° *Pertes résultant de ce que la détente est incomplète.* — On trouve que la perte correspondante est environ $^1/_4$ du rendement théorique de la machine. Le rendement théorique étant 26 $^0/_0$, la perte correspondante est environ 7 $^0/_0$. L'écart avec le rendement théorique n'est plus que de 3 $^0/_0$.

3° *Pertes diverses résultant du frottement de la vapeur contre les parois solides, des espaces nuisibles, de la communication de chaleur de la vapeur aux parois du corps de pompe, etc.*

Mais s'il y a des causes pour qu'en réalité le rendement soit plus petit que le maximum théorique, n'existe-t-il pas aussi des moyens de le rendre plus élevé ?

Théoriquement, la solution de cette question est aisée ; il suffit en effet d'augmenter le rendement théorique ; on y arrive en augmentant le numérateur $t - t'$ dans $\dfrac{t - t'}{273 + t}$; il suffit pour cela de prendre t de plus en plus grand, et t' de plus en plus petit. Mais, pratiquement, t ne peut pas croître au delà d'une certaine limite parce que la pression croît rapidement

avec la température, et qu'à partir d'une certaine valeur de
la pression, les parois de la machine ne pourraient plus résister. C'est ainsi qu'à 150° la pression dans une machine à
vapeur est de 5 atmosphères, et qu'à 180° elle est déjà de
10 atmosphères. D'ailleurs, bien avant que la machine n'éclate,
une trop grande pression rend l'obturation imparfaite. On ne
peut pas davantage diminuer t' à volonté ; t' ne peut pas être
inférieur à la température ambiante, sans dépense de travail ;
encore faut-il employer un condenseur à cette température.
Dans les machines sans condenseur, la température ne peut
s'abaisser que jusqu'à 100°. Une machine sans condenseur et
à 5 atmosphères ne peut donc fonctionner qu'entre 150
et 100°.

Machines diverses. — Pour obtenir une plus grande différence entre les températures de la source chaude et de la
source froide, on a imaginé d'employer des *machines à deux
liquides*. Une machine à vapeur d'eau fonctionnant entre 150
et 100° sert à faire marcher une machine à vapeur d'éther.
qui travaille entre 100° et la température ambiante. L'ensemble de ces deux machines constitue une machine thermique fonctionnant en 150° et la température ambiante. Mais
ce système, d'ailleurs peu répandu, a l'inconvénient de laisser
perdre, à cause du défaut d'obturation, de l'éther dont le prix
est assez élevé.

On a pensé alors à employer d'autres substances que la vapeur d'eau. Les machines *à air* présentent cet avantage que
la force élastique ne croît pas aussi vite que dans les machines à vapeur ; elle s'élève seulement d'une atmosphère
quand $t - t'$ croît de 273°. On emploie aussi les machines à
vapeur d'eau surchauffée, comme la machine Siemens ; mais

l'usage en est encore peu répandu dans l'industrie. D'ailleurs, l'économie qui résulte de leur emploi est assez faible en pratique, bien que, dans certains cas, on ait pu abaisser la dépense en charbon d'un kilogramme à 700 grammes. par heure et par cheval-vapeur.

Les machines à *air chaud* donnent une économie sur les machines à vapeur. Certaines d'entre elles consomment seulement de 750 grammes à un kilogramme par heure et par cheval-vapeur. Théoriquement, une machine à air, par exemple, devrait donner un rendement de beaucoup supérieur à celui des machines à vapeur. La marche de cette machine. étudiée à l'indicateur de Watt, paraît se rapprocher de celle d'une machine parfaite ; elle devrait donc donner le rendement théorique. Dans une machine à air, fonctionnant de 273° à 0°, ce qui est possible, puisqu'ici la force élastique n'est plus très forte pour une pareille différence de température, le rendement serait donc :

$$\frac{273}{273 + 273} = \frac{1}{2} = 0.5$$

c'est-à-dire de 50 p. %. En réalité le rendement des machines à gaz n'est guère supérieur à celui des machines à vapeur. Cela tient en grande partie à ce que la surface de chauffe y fonctionne dans de plus mauvaises conditions; pour une surface de chauffe donnée, l'air ou les gaz empruntent au foyer moins de chaleur que l'eau.

Machines thermiques servant à effectuer des transports de chaleur. — On peut renverser le jeu d'une machine thermique; au lieu d'en retirer du travail on peut lui en fournir, et l'employer à transporter de la chaleur d'un corps froid sur un corps chaud. En opérant ainsi, d'une part, on prend de la chaleur au corps froid, d'autre part, on en fournit au corps chaud. De là, deux destinations distinctes à donner aux machines thermiques fonctionnant en sens inverse suivant que l'on a en vue l'un ou l'autre de ces deux effets simultanés.

Machines à glace. — Elles peuvent servir à produire du froid. Dans ce cas, se trouvent la machine à gaz sulfureux de M. Pictet pour fabriquer la glace, et la machine à gaz ammoniac. La machine Pictet n'est autre chose qu'une machine à vapeur d'acide sulfureux, fonctionnant à rebours. Les machines à air peuvent être aussi employées à rebours. M. Giffard a inventé une machine à faire de la glace, dans laquelle le refroidissement provient de la détente de l'air, et qui est une machine à air renversée. Telles sont encore les machines à air froid employées pour le transport des viandes d'Amérique en Angleterre.

Chauffage par transport de chaleur. — De la même façon, on pourrait construire des machines thermiques destinées à fonctionner à rebours pour chauffer un corps avec la chaleur qu'elles prendraient à un autre. Dans ce cas encore la machine thermique n'est, en quelque sorte, qu'une pompe aspirant la chaleur, et permettant de la refouler où l'on veut.

Sir W. Thomson a même fait remarquer que *le mode de chauffage le plus économique* consiste précisément à transporter ainsi de la chaleur sur l'air de l'édifice que l'on se propose de chauffer à l'aide d'une machine thermique renversée. mue par une machine quelconque telle qu'une machine à vapeur. Il pourrait sembler, à première vue, que toute l'économie possible serait atteinte si l'on réussissait à transporter directement toute la chaleur, produite dans la combustion du charbon de la machine à vapeur, sur le corps á chauffer. Il n'en est pourtant rien, l'économie sera plus grande si l'on emploie ce même charbon à faire marcher une machine à vapeur ; avec cette machine à vapeur on fait marcher à rebours une machine thermique, une machine à air, par exemple, de façon à obtenir finalement de l'air chaud que l'on injecte dans l'édifice.

Cet air y apporte plus de chaleur que n'en pourrait fournir un calorifère parfait qui aurait consommé la même quantité de charbon. Avec une machine à vapeur dont le rendement n'est que de $^1/_{10}$, on peut ainsi accumuler sur l'air à échauffer une quantité de chaleur double de celle qui a été produite par le combustible.

Remarquons en effet que, dans ce mode de chauffage où la machine thermique, la machine à air pour nous, prend de la chaleur au corps froid, l'eau par exemple, pour la céder au corps chaud, l'air, le travail nécessaire à ce transport de chaleur
ne dépend que de la différence
des températures entre les corps
chaud et froid. Or, il est facile
d'imaginer un cas où, avec un tra-
vail fini, on peut opérer le transport de quantités indéfinies de chaleur. Considérons d'abord le cas limite, où la différence de température est nulle.

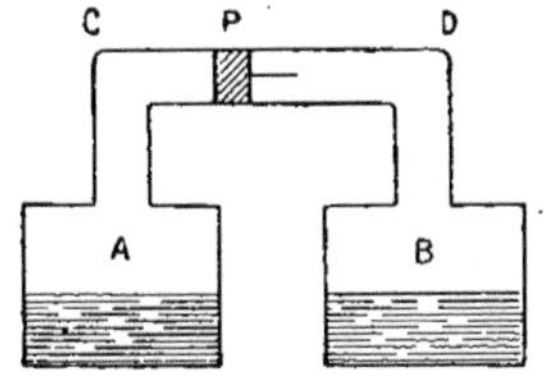

Soient deux masses d'eau indéfinies A et B, ayant la même température. Dans le canal de communication CD peut se mouvoir un piston P qui reçoit son mouvement d'une machine thermique. Le volume offert à la vapeur de A venant à croître par le mouvement du piston, une certaine quantité d'eau se vaporisera jusqu'à ce que la force élastique maxima relative à la température de l'expérience soit atteinte ; il y aura du côté de A absorption de chaleur latente correspondante.

D'autre part, le volume offert à la vapeur de B diminuant de la même quantité, un poids égal de vapeur se condensera en B et dégagera la même quantité de chaleur. De cette façon, il y aura eu transport d'une certaine quantité de chaleur de A en B. D'ailleurs, le travail nécessaire pour effectuer ce transport de chaleur est théoriquement nul, puisque les températures de A et de B étant les mêmes, les forces élastiques maxima de la vapeur en A et B sont égales, de sorte que le piston P est soumis à des forces égales sur ses deux faces.

C'est là un cas limite. Si, au lieu d'être nulle, la différence des températures est petite, le travail nécessaire au transport de la chaleur sera petit également.

D'ailleurs, un exemple fera bien comprendre l'avantage de la disposition imaginée par Sir W. Thomson. Supposons que, l'air extérieur à un édifice étant à 0°, on veuille amener la température de l'atmosphère intérieure à 13°. Nous aurons à faire fonctionner à rebours une machine thermique entre 0 et 13°. Soient Q et Q′ les quantités de chaleur mises en jeu. Le rapport de la quantité de chaleur absorbée pour la production du travail moteur à la quantité de chaleur fournie au corps chaud est $\dfrac{Q - Q'}{Q}$; ce rapport mesure la dépense de chaleur par calorie utilement fournie. Plus ce rapport est petit, plus la disposition est avantageuse ; or on sait par la théorie des machines thermiques que ce rapport a pour valeur *maxima*

$$\frac{t - t'}{273 + t} = \frac{13}{273 + 13} = \frac{13}{286}.$$

Inversement, le rapport de la chaleur transportée à la chaleur dépensée pour le transport est au moins $\frac{286}{13} = 22$. Soit c la quantité de chaleur fournie par la combustion du charbon. Supposons que la machine motrice ne transforme en travail que la $1/10$ partie de cette chaleur, la chaleur transportée étant au moins 22 fois plus grande, est égale à

$$\frac{c \times 22}{10} = c \times 2, 2.$$

Ainsi, la chaleur transportée vaut plus de 2 fois (soit 2,2) la chaleur produite par la combustion du charbon.

Pour réaliser une machine à chauffer l'air, il suffit de prendre deux corps de pompe. Dans l'un, l'air subit un accroissement de volume à température constante, c'est-à-dire que, par un courant d'eau à la température ambiante, on lui restitue la chaleur qu'il absorbe par décompression ; puis cet air est amené dans le second corps de pompe entouré de matières mauvaises conductrices de la chaleur ; il y est recomprimé adiabatiquement jusqu'à la pression extérieure, s'y échauffe ainsi au delà de sa température primitive, et il est lancé ainsi échauffé dans l'édifice dont on veut élever la température.

PHÉNOMÈNES RÉVERSIBLES ET APPAREILS
NON RÉVERSIBLES

Lorsqu'un phénomène est tel qu'il peut produire du travail, de façon que le système de corps qui en est le siège puisse en outre parcourir un cycle fermé, et le parcourir dans les deux sens, le principe de Carnot lui est applicable ainsi que l'équation

$$(1) \qquad \int \frac{dQ}{\theta} = 0.$$

Rappelons que nous n'avons cessé de désigner par θ la température du corps considéré, et non pas la température des sources de chaleur ou de froid avec lesquelles il est en relation. Cette remarque est nécessaire si l'on veut éviter toute confusion.

Certains auteurs, en effet, M. Clausius en particulier, ont mis en évidence dans leur analyse la température θ_e des dites sources de chaleur et de froid ; dès lors ils ont été conduits à écrire

$$\int \frac{dQ}{\theta_e} \leqslant 0,$$

le signe $=$ s'appliquant au cas de la réversibilité, le signe $<$ au cas de la non réversibilité. Dans ce dernier cas, on a donc

$$(2) \qquad \int \frac{dQ}{\theta_e} < 0.$$

Je dis que l'inégalité (2) est une conséquence de l'équation (1). En effet, si l'on considère des sources de chaleur, leurs températures θ_e sont en général supérieures aux températures θ du corps qu'elles échauffent ; elles ne peuvent leur être égales que comme cas limite.

Si donc on remplace dans (1) les θ qui sont les dénominateurs des termes positifs de la somme par les θ_e qui sont plus grands, on diminue la valeur de cette somme, et de nulle qu'elle était on la rend négative ; c'est-à-dire que l'on obtient l'inégalité (2).

De même, si l'on considère les sources de froid, leurs températures θ_e sont en général inférieures, et au plus égales aux températures θ du corps qu'elles refroidissent. En remplaçant donc les θ par les θ_e on augmente la valeur absolue des termes négatifs de la somme, et on la rend encore négative. De ce chef encore, on obtient l'inégalité (2).

En résumé, l'inégalité (2) est une conséquence de l'égalité (1) ; elle ne nous en apprend donc pas plus et ne nous exprime pas, comme on paraît l'avoir pensé quelquefois, une vérité qui serait applicable seulement aux cycles non réversibles.

Pour rendre ce qui précède plus clair, appliquons à un cas particulier. Soit un gaz qui parcourt un cycle de Carnot entre les températures θ et θ' ; on a

$$(1)' \qquad \frac{Q}{\theta} - \frac{Q'}{\theta'} = 0.$$

Si la chaleur mise en jeu le long des isothermes θ et θ' est empruntée, par voie de rayonnement, à des sources dont les températures sont $\theta_c > \theta$ et $\theta_c' < \theta'$, on a par cela même

$$(2)' \qquad \frac{Q}{\theta_c} - \frac{Q'}{\theta_c'} < 0.$$

On voit qu'ici encore l'inégalité (2)' est une conséquence de l'équation (1)'. On voit en outre clairement par cet exemple qu'il y a *deux* manières de considérer les choses. Si $\theta_c > \theta$ et $\theta_c' < \theta'$, l'appareil complexe formé par les sources et le gaz fonctionne suivant un cycle qui n'est pas réversible ; mais le gaz, considéré à part, n'en parcourt pas moins un cycle de Carnot, lequel est réversible.

Cette remarque est générale : on peut se mettre à deux points de vue distincts et nullement contradictoires. Si l'on se donne un système comprenant des sources de chaleur et de froid, et que l'on veuille en étudier les propriétés, pour calculer par exemple son rendement en travail, ce sont les températures θ_c qu'il faut introduire, et l'on est conduit à la relation

$$\int \frac{dQ}{\theta_c} \leqq 0.$$

Si, au contraire, on désire étudier les lois d'un phénomène, les propriétés spécifiques d'un corps, il y a lieu de considérer la température θ que possède à chaque instant ce corps et non les températures θ_e de certaines sources extérieures ; et l'on a dans ce cas à appliquer, s'il y a lieu, l'équation

$$(1) \qquad \int \frac{dQ}{\theta} = 0.$$

C'est-à-dire que, si le principe de Carnot est applicable, on l'exprime à l'aide de l'équation $\int \frac{dQ}{\theta} = 0$; s'il ne l'est pas, on ne pourra écrire ni cette équation, ni l'inégalité

$$\int \frac{dQ}{\theta_e} < 0.$$

Phénomènes non réversibles. — Un certain nombre de phénomènes ne sont pas réversibles. Tels sont la production de chaleur par le frottement, les communications de chaleur par contact ou par rayonnement. Le principe de Carnot, l'équation $\int \frac{dQ}{\theta} = 0$ ne leur sont pas applicables.

Il est néanmoins intéressant de former la somme $\int \frac{dQ}{\theta}$, de chercher son signe, et de se demander si elle est *dans tous les cas* inférieure ou égale à zéro.

En désignant toujours par $+\, dQ$ la quantité de chaleur absorbée par un corps, on voit réellement que pour les trois phénomènes considérés plus haut on a

$$\int \frac{dQ}{\theta} < 0.$$

Faut-il en conclure, comme on paraît l'avoir fait quelquefois, que cette inégalité a lieu d'une façon tout à fait générale, c'est-à-dire toutes les fois que l'on n'a pas $\int \frac{dQ}{\theta} = 0$? Aurait-on ainsi l'expression d'un principe plus général que celui de Carnot ?

Il nous semble qu'il n'en est rien, car on peut trouver des phénomènes pour lesquels $\int \frac{dQ}{\theta} > 0$. Exemple : la détente d'un gaz à température constante, avec production de travail, la diffusion d'un sel dans un dissolvant volatil à température constante et avec production de travail. On ne peut donc affirmer que l'on a toujours, et sans restriction,

$$\int \frac{dQ}{\theta} \leqslant 0.$$

ÉNERGIE

Principe de la conservation de l'énergie. — Nous
avons vu à propos du principe de l'équivalence que, le long
d'un cycle fermé, on a :

$$\mathfrak{C} - Q = 0 \; ;$$

de plus, si le cycle n'est pas fermé, la différence $\mathfrak{C} - Q$ n'est
plus nulle, mais elle ne dépend que de l'état initial et de l'é-
tat final. C'est une fonction des variables qui définissent l'état
du corps. Si l'on désigne par q la somme des quantités de
chaleur dégagées par le corps qui subit la transformation et
absorbées par les corps ambiants, le long du cycle considéré,
on a $q = -Q$.

Alors la fonction $\mathfrak{C} + q$, de même que $\mathfrak{C} - Q$, ne dépend
que de l'état initial et de l'état final. Cette proposition n'a été
établie précédemment que dans le cas d'un cycle fermé. On
l'étend par induction à tout corps soumis à une série de
transformations quelconques en raisonnant comme si cette
transformation faisait partie d'un cycle fermé. On admettra
que cette somme $\mathfrak{C} + q$ ne dépend dans tous les cas que de
l'état initial et de l'état final même lorsque le cycle est ouvert ;
le principe de l'équivalence ainsi étendu s'appelle le principe
de la *conservation de l'énergie*. On a ainsi

$$\Delta U = \mathfrak{C} + q.$$

ΔU n'est autre chose qu'une fonction des variables qui définissent l'état du corps, cette fonction étant définie par l'équation précédente.

Cette équation peut d'ailleurs être considérée comme représentant une équivalence entre un phénomène particulier au corps qui se transforme, ΔU, et un phénomène extérieur $\tau + q$. ΔU équivaut à la somme des effets mécaniques ou calorifiques que le corps produit extérieurement par ses transformations ; on dit que ΔU est la variation de l'énergie le long du cycle considéré ; et l'équation précédente exprime qu'il y a *équivalence* entre cette variation de l'énergie et la somme $\tau + q$ du travail et de la chaleur fournis à l'extérieur. En d'autres termes, ce qu'un corps perd en énergie est acquis par les corps ambiants ; il y a donc conservation de l'énergie.

Le mot d'énergie a été emprunté à la mécanique, où l'énergie est le travail qu'un système est capable de fournir. En mécanique on a simplement ΔU $= \tau$, car on n'a pas à s'occuper des phénomènes thermiques. Ici, au travail, viendra s'ajouter le phénomène thermique.

Vérifications expérimentales de la conservation de l'énergie. — C'est l'expérience qui permet de vérifier que $\tau + q$ ne dépend que de l'état initial et de l'état final. Il en est ainsi, dans tous les cas où la vérification expérimentale est possible ; dans les autres cas, on admet cette loi comme un postulatum. Ainsi considéré, le principe de la conservation de l'énergie s'applique à tout phénomène où il y a production de travail et de chaleur. Prenons divers exemples.

Dans une batterie électrique, la décharge correspond à une perte d'énergie du système, et cette perte d'énergie peut se traduire extérieurement par la production d'un mouvement

ou par un dégagement de chaleur. Il existe donc une fonction U des variables par lesquelles l'état électrostatique du système est défini, dont la variation sera

$$- \Delta U = \mathfrak{C} + q.$$

Dans un système magnétique, il y a aussi variation de l'é-
nergie. Un aimant, en se déplaçant, exerce en effet une action
sur les masses métalliques du champ magnétique ; des courants induits y prennent naissance et il y a production de travail et dégagement de chaleur. L'énergie subit donc une variation que l'on peut calculer si l'on connaît le travail produit
et la chaleur dégagée.

Application à la thermochimie. — De même, tout système où peut se produire une action chimique donne lieu à
une dépense d'énergie. On mesure cette dépense en formant la
somme des quantités de chaleur dégagées ou absorbées. C'est
sous cette forme qu'on applique en thermochimie le principe
de la conservation de l'énergie. Ici, on se place en général
dans des conditions telles que le travail produit extérieurement n'intervienne pas ; on a, en effet,

$$\mathfrak{C} = \int p \, dv = p \Delta v$$

la pression restant constante. Pour les corps solides et liquides Δv est sensiblement nul ; pour les gaz, on se sert d'enveloppe à volume constant et l'on a encore

$$\Delta v = 0.$$

Dans tous les cas $\mathfrak{C} = 0$; la variation d'énergie se réduit à

$$\Delta U = q.$$

La quantité de chaleur dégagée dans un système chimique ne dépend donc que de l'état initial et de l'état final, puisqu'il y a conservation de l'énergie ; et elle est la même, quelle que soit la série des transformations qui permettent de passer de l'état initial à l'état final. Il faut toutefois se souvenir que l'on a supposé $\tau = 0$ et par conséquent que la transformation ne doit être accompagnée d'aucun travail extérieur. De là une méthode appliquée en thermochimie. On part d'un même état initial, pour aboutir à un même état final de deux manières différentes ; dans l'une, les quantités de chaleur sont toutes connues ; dans la seconde, une seule est inconnue. On écrit que la quantité de chaleur mise en jeu dans les deux transformations est la même. On a ainsi une équation d'où l'on tire l'inconnue. Cherchons par exemple la chaleur de formation de l'oxyde de carbone. On fait brûler $C = 6$ grammes de charbon, on a un dégagement de chaleur q par sa transformation en 22 grammes d'acide carbonique. Le même poids de charbon transformé en oxyde fournit un dégagement de chaleur x ; puis l'oxyde de carbone brûlé redonne de l'acide carbonique avec un dégagement de chaleur q'. On a ainsi

$$q = x + q' \qquad \text{d'où} \qquad x = q - q'.$$

Donc la différence $q - q'$ représente la chaleur de formation de l'oxyde de carbonne.

C'est aussi de cette manière que l'on tient compte de l'état physique où se trouvent les corps que l'on fait réagir. Lorsque, dans une réaction chimique, les corps sur lesquels on opère ne sont pas sous le même état, il faut, pour calculer la chaleur dégagée dans la réaction, ramener les corps réagissant au même état. Prenons par exemple de l'acide sulfurique étendu et de la potasse, on peut prendre de la potasse mono-hydratée en morceaux et la faire agir sur l'acide sulfurique étendu ; on observe pour un certain degré de dilution un dégagement de chaleur q, par suite de la formation du sulfate de potasse solide dans un poids convenable d'eau ; commençons au contraire par dissoudre la potasse dans l'eau, d'où un dégagement de chaleur x, puis ajoutons à la dissolution de l'acide sulfurique, ce qui donne un dégagement q' ; si les dilutions finales de sulfate de potasse sont identiques, on a

$$q = x + q' \qquad \text{d'où} \qquad x = q - q'.$$

Réactions chimiques accompagnées d'un travail extérieur. — Il y a des cas où le travail extérieur qui accompagne la réaction chimique n'est pas nul, où il y a intérêt et même nécessité à le considérer. Étudions en effet ce qui arrive dans l'élément Daniell. Le zinc se substitue au cuivre du sulfate de cuivre. Or, on peut faire cette substitution de deux manières : d'abord, mettre tout simplement du zinc dans une solution de sulfate de cuivre, et alors le travail produit extérieurement est nul ; il ne se dégage qu'une quantité de chaleur q_1 ; ou bien, monter un élément Daniell, et profiter du courant dû à la substitution du zinc au cuivre pour faire marcher une machine magnétoélectrique ; ici, il y a un travail produit extérieurement τ et une quantité de chaleur q_2 dégagée par la réaction. D'après le principe de la conservation de l'énergie, il y a équivalence entre ces deux manières de faire, pourvu qu'on ait le même état initial et le même état final. Donc :

$$q_1 = \tau + q.$$

Ce résultat a été vérifié avec soin expérimentalement par M. Joule et après lui par Fabre et Silbermann.

Énergie capillaire. — Enfin, parmi les phénomènes qui peuvent amener une variation de l'énergie se trouvent les phénomènes capillaires. Ce sont les déformations éprouvées par les surfaces liquides dans leur contact avec des solides ou avec d'autres surfaces liquides. A la suite de ces déformations il y a travail produit, chaleur dégagée, et par conséquent variation de l'énergie ; il faudra donc. dans l'expression générale de l'énergie, ajouter un terme provenant des actions capillaires, ce sera l'*énergie capillaire*.

CAS OÙ L'ON CONNAÎT L'EXPRESSION ΔU

Il est rare que l'on puisse exprimer analytiquement et à priori la valeur de ΔU. Ce cas se présente pourtant dans l'étude de l'électricité, du magnétisme et de la capillarité. Considérons d'abord un système de points électrisés, chargés des quantités d'électricité m, m', etc., et dont les distances deux à deux sont r, r', etc. On appelle *énergie électrique* ou *électrostatique* du système la quantité U définie par la relation :

$$U = -\sum \frac{m\,m'}{r} + C^{te}.$$

Alors
$$\Delta U = -\Delta\sum \frac{mm'}{r}$$

équation qui s'applique encore à un corps solide électrisé et continu, d'étendue finie. Pour un système de points magnétiques, on a encore :

$$\Delta U = -\Delta \sum \frac{\mu\mu'}{r}.$$

Considérons un courant électrique établi dans un fil de cuivre et arrivé à son état permanent ; soit i son intensité. L'existence de ce courant donne lieu à la production d'un champ magnétique, et il en résulte une variété particulière de l'énergie. L'expression de cette énergie est $\frac{1}{2}\,P i^2$ si l'on n'utilise que le travail de l'extra-courant. L'effet courant est *l'énergie électromagnétique* de l'extra-courant.

$$\frac{1}{2}\,P i^2 = \mathfrak{C} + q.$$

i est l'intensité du courant à l'instant considéré, P un coefficient particulier à la forme du circuit.

On connaît aussi, pour les phénomènes de capillarité, l'expression de U. C'est :

$$U = AS\,;$$

A étant un coefficient propre au liquide, S, la surface libre du liquide. Alors :

$$\Delta U = \Delta(AS) = \mathfrak{C} + q,$$

puisque la déformation de cette surface fait naître des phénomènes mécaniques et thermiques. Mais en général, dans l'étude de la capillarité, on suppose la température invariable et alors $q = 0$. On n'a alors que les phénomènes mécaniques et hydrostatiques à considérer.

Remarques sur l'énergie électromagnétique. — Il nous reste à faire quelques remarques sur l'énergie électromagnétique et l'extra-courant, ainsi que sur l'énergie électrostatique.

Dans une machine magnétoélectrique, le travail élémentaire $d\mathfrak{C}$ est égal au produit de la force électromotrice e par la quantité d'électricité qui passe : $d\mathfrak{C} = edm$. Il n'est pas nécessaire de recourir au principe de l'équivalence pour obtenir cette formule ; elle dérive directement de la définition même de i et de e en valeur absolue électromagnétique. Prenons un moteur électrique qui fournisse un travail par le passage d'un courant ; dans ce moteur, le circuit du courant est mobile dans un champ magnétique uniforme d'intensité H ; si ce circuit est traversé par un courant d'intensité i, une longueur de 1^{cm} de ce circuit est entraînée par une force iH, et le travail de cette force en une seconde sera iHv. en appelant v la vitesse avec laquelle le circuit se meut. D'ailleurs, la force électromotrice étant définie dans le système électromagnétique par une force électromotrice d'induction, on a $Hv = e$. Le travail en une seconde sera donc $\mathfrak{C} = iHv = ei$; pendant le temps dt, ce sera

$$d\mathfrak{C} = eidt$$

et comme $\qquad\qquad idt = dm,$

$$d\mathfrak{C} = edm.$$

Mais si la machine est employée à produire des courants, cette relation n'est plus vraie ; ei est alors le travail électrique pendant l'unité de temps, et ici il faut faire intervenir le principe de l'équivalence pour savoir quelle est sa véritable signification ; ei représente les sommes des quantités de chaleur et de travail dégagés pendant une seconde :

$$ei = \mathfrak{C} + q.$$

On peut déduire de là. l'expression de l'énergie due à l'extra-courant ; dans un courant d'intensité i, la naissance de l'extra-courant donne lieu à un accroissement e de la force électromotrice. dont la valeur est : $e = \mathrm{P}\,\dfrac{di}{dt}.$

d'où
$$eidt = \mathrm{P}i\,\dfrac{di}{dt}\,dt \ ;$$

la variation de l'énergie pendant un certain temps sera

$$\int eidt = \Delta\,\frac{1}{2}\,\mathrm{P}i^2 = \mathfrak{C} + q.$$

Remarques sur l'énergie électrostatique. — L'énergie électrostatique est la fonction $\mathrm{U} = -\sum \dfrac{mm'}{r}$. Dans les raisonnements qui se rapportent à cette fonction on rencontre certains points délicats sur lesquels il est bon d'insister.

Considérons d'abord le cas d'un système de corps *isolants*, dont les divers points M, M', M"... contiennent des quantités d'électricité m, m'... Nous supposerons ces quantités m, m'... constantes, et les distances des points M, M'.. seules variables.

Pour deux points M et M' seulement, le travail résultant d'un déplacement dr sera

$$d\mathfrak{C} = -\frac{mm'}{r^2}\,dr,$$

et. comme ici m et m' sont des quantités constantes

$$d\mathfrak{C} = d\,\frac{mm'}{r} = -\,d\mathrm{U}.$$

ce qu'on peut écrire $d\mathfrak{C} = \dfrac{1}{2}\left(m\,d\,\dfrac{m'}{r} + m'd\,\dfrac{m}{r} \right),$

et en appelant V et V' les potentiels en M et M'

$$d\mathfrak{C} = \frac{1}{2}\left(md\mathrm{V} + m'd\mathrm{V}' \right).$$

Pour une série de points M. M', M''.... on aurait de même

$$d\mathfrak{T} = -\, d\mathrm{U} = \frac{1}{2} \sum m\, d\mathrm{V}.$$

Prenons maintenant un système de corps *conducteurs* qu'on peut déplacer, déformer et mettre en communication les uns avec les autres. Supposons qu'il n'y ait ni force électromotrice de contact ou d'induction mises en jeu. Cela revient à dire que les conducteurs et les fils qui servent à les relier entre eux sont de même métal. Soient m_1 et m_2 les charges des points M_1 et M_2 du système. La force qui s'exerce entre ces deux points sera toujours $\dfrac{m_1 m_2}{r_{12}^2}$, r_{12} désignant la distance $M_1 M_2$.

Que devient ici $d\mathfrak{T}$?

Quand r_{12} varie de dr_{12}, les charges m_1 et m_2 deviennent $m_1 + dm_1$ et $m_2 + dm_2$; mais cela ne change rien à la valeur de $d\mathfrak{T}$ qui est toujours $d\mathfrak{T} = -\dfrac{m_1 m_2}{r_{12}^2}\, dr_{12}$, en négligeant les infiniment petits d'ordre supérieur au premier. Par contre, si m_1 et m_2 varient, on n'a plus $d\mathfrak{T} = -\, d\mathrm{U}$.

Car on a

$$-\, \mathrm{U} = \frac{m_1 m_2}{r_{12}},$$

d'où $\quad -\, d\mathrm{U} = m_1 m_2\, d\,\dfrac{1}{r_{12}} + \dfrac{1}{r_{12}}\,(m_1 dm_2 + m_2 dm_1),$

ce qu'on peut écrire

$$-\, d\mathrm{U} = \frac{1}{2}\left[m_1\, d\!\left(\frac{m_2}{r_{12}}\right)_{m_2\,=\,\text{Cte}} + m_2\, d\!\left(\frac{m_1}{r_{12}}\right)_{m_1\,=\,\text{Cte}} \right] +$$

$$+\, \frac{m_1}{r_{12}}\, dm_2 + \frac{m_2}{r_{12}}\, dm_1.$$

Comme $\dfrac{m_2}{r_{12}}$ et $\dfrac{m_1}{r_{12}}$ sont les potentiels V_1 et V_2 en M_1 et M_2.

on aura :

$$- dU = \frac{1}{2}\left(m_1 d_r V_1 + m_2 d_r V_2\right) + V_1 dm_1 + V_2 dm_2.$$

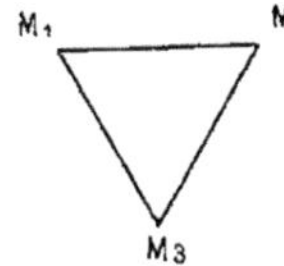

Si au lieu de deux points on en a trois M_1, M_2 et M_3. il vient :

$$- dU = m_1 m_2 d\,\frac{1}{r_{12}} + m_2 m_3 d\,\frac{1}{r_{23}} + m_3 m_1 d\,\frac{1}{r_{31}} +$$

$$+ \frac{m_1 dm_2 + m_2 dm_1}{r_{12}} + \frac{m_2 dm_3 + m_3 dm_2}{r_{23}} + \frac{m_3 dm_1 + m_1 dm_3}{r_{31}}.$$

ou bien

$$- dU = \frac{1}{2} m_1\left(m_2 d\,\frac{1}{r_{13}} + m_3 d\,\frac{1}{r_{13}}\right) +$$

$$+ \frac{1}{2} m_2\left(m_3 d\,\frac{1}{r_{23}} + m_1 d\,\frac{1}{r_{21}}\right) + \frac{1}{2} m_3\left(m_1 d\,\frac{1}{r_{13}} + m_2 d\,\frac{1}{r_{23}}\right) +$$

$$+ dm_1\left(\frac{m_2}{r_{12}} + \frac{m_3}{r_{13}}\right) + dm_2\left(\frac{m_3}{r_{23}} + \frac{m_1}{r_{12}}\right) + dm_3\left(\frac{m_1}{r_{13}} + \frac{m_2}{r_{23}}\right);$$

ou enfin

$$- dU = \frac{1}{2}\left(m_1 d_r V_1 + m_2 d_r V_2 + m_3 d_r V_3\right) + V_1 dm_1 + V_2 dm_2$$

$$+ V_3 dm_3.$$

On a donc en général :

$$- dU = \frac{1}{2} \sum m d_r V + \sum V dm.$$

Pour avoir $d\mathfrak{C}$, il suffit de regarder dans ce calcul les quantités m_1, m_2... comme constantes.

Alors
$$d\mathfrak{C} = \frac{1}{2}\sum m\,dV.$$

Donc
$$- dU = d\mathfrak{C} + \sum V\,dm.$$

Interprétation du terme $\sum$ Vdm. — Pour trouver la signification physique de ce terme complémentaire $\sum V\,dm$, il convient d'examiner dans quels cas ce terme est nul ou différent de zéro.

Si l'on considère un conducteur quelconque du système subissant un déplacement ou une déformation infiniment petite, ce conducteur est nécessairement ou bien isolé, ou bien mis en communication avec un autre conducteur au même potentiel, ou enfin mis en communication avec un autre conducteur à un potentiel différent.

1° *Le conducteur demeure isolé.* — Dans ce cas sa charge totale $\sum m$ demeure constante, et la variation de cette charge $\sum dm$ est égale à zéro. Si l'on suppose que la déformation du système est assez lente pour que, pendant toute sa durée, le potentiel ait une valeur uniforme V dans toute l'étendue du conducteur, on a

$$\sum V\,dm = V\sum dm$$

pour ce conducteur ; comme $\sum dm = 0$, on a

$$\sum V\,dm = 0.$$

2° *On met en communication deux conducteurs au même potentiel.* — Au moment où la communication est établie, aucun phénomène électrique n'a lieu, puisque le potentiel est uniforme. Et à partir de ce moment les deux conducteurs ne forment plus qu'un conducteur unique déformable, à potentiel uniforme ; on retombe donc dans le cas précédent :

$$\sum V\,dm = 0.$$

3° *On met en communication deux conducteurs qui sont à des potentiels différents V et V'.* — Cette fois, les conditions de l'équilibre cessent d'être remplies. Un courant d'intensité finie, une décharge se produit dans le fil de communication, donnant lieu à un dégagement de chaleur, à une production de travail, etc.

En même temps le terme $\sum V\,dm$ devient positif. Ce terme mesure donc l'énergie mise en jeu par le courant de décharge.

Je dis qu'il est toujours positif, ou plus généralement, de même signe que le travail τ. En effet, si une quantité d'électricité dm passe d'un conducteur à l'autre, ce mouvement a lieu de celui où le potentiel est plus grand à celui où il est moindre. Il s'ensuit que, d'après l'équation

$$- dU = d\tau + \sum V\,dm,$$

le travail dû aux forces de Coulomb, $d\tau$, est maximum quand $\sum V\,dm$ est égal à zéro, c'est-à-dire quand les conditions de l'équilibre électrique sont remplies pendant la déformation du système.

Ces conditions d'équilibre sont en même temps les conditions de réversibilité. On retrouve donc pour l'électricité le fait établi par Carnot pour la chaleur : les conditions du travail maximum sont celles de l'équilibre et de la réversibilité. Et, de fait, on peut faire pour un système électrostatique des raisonnements calqués sur celui de Carnot.

Au lieu de partir de la notion de fluide ou de charge électrique, on peut d'abord ne définir les potentiels que qualitativement comme les températures. On peut donner, des cycles parcourus par un conducteur, une représentation graphique analogue à celle de Clapeyron, en portant par exemple la charge en abscisse, le potentiel en ordonnée. Parmi ces cycles, on peut en considérer un qui est l'analogue du cycle de Carnot, et qui est formé de deux *adiabatiques* (lignes à charge constante) et de deux *isopotentielles*, et en faire le même usage que du cycle de Carnot pour définir le potentiel quantitativement en fonction du travail. Le principe de Carnot se trouve ici remplacé par le principe de la *conservation de l'électricité*. Ce mode de raisonnement, sur lequel il est inutile d'insister ici, a pourtant son intérêt : il fait ressortir certaines analogies entre l'électrostatique et la chaleur ; il permet d'établir une théorie électrostatique indépendante de la notion des fluides, et il fait bien comprendre la généralité du raisonnement imaginé par Carnot.

FIN

TABLE DES MATIÈRES

APPLICATIONS DES PRINCIPES DE LA THERMODYNAMIQUE

APPLICATION DES PRINCIPES DE LA THERMODYNAMIQUE
A L'ÉTUDE DES VAPEURS SATURÉES.

APPLICATION DES PRINCIPES DE LA THERMODYNAMIQUE A L'ÉTUDE DE LA FUSION ET DE LA SOLIDIFICATION

APPLICATION DES PRINCIPES DE LA THERMODYNAMIQUE A L'ÉTUDE DES PHÉNOMÈNES THERMOÉLECTRIQUES

PILES HYDROÉLECTRIQUES.

RENDEMENT DES MACHINES THERMIQUES.

PHÉNOMÈNES RÉVERSIBLES ET APPAREILS NON RÉVERSIBLES

FIN

Tours. — Imp. DESLIS FRÈRES, rue Gambetta, 6.

du fil ne fût pas dépassée, afin de permettre au fil de revenir
à son état primitif. Pour cela, le fil était attaché en B à un
levier mobile autour d'un point fixe O. Sur les bras du levier pouvaient se déplacer de a en b des poids P et P'. On
commençait par régler la position de ces poids de façon qu'il
y eût équilibre. On attachait ensuite le fil qui ainsi n'était
soumis à aucune traction. — Pour produire la traction on
déplaçait le poids P le long du bras de levier OH. Afin de ne
pas dépasser la limite d'élasticité du fil, la course du poids
P était limitée par un buttoir K. Lorsque P était arrivé à l'extrémité de sa course, on l'enlevait en détachant une clavette,
et, le fil revenait peu à peu à son état initial.

Dans la première partie de l'expérience, le fil s'allonge en
effectuant un travail $\mathfrak{C}$. On constate un refroidissement,
correspondant à un dégagement de chaleur négatif q. Dans la
seconde partie, il n'y a aucun travail effectué : on constate un
échauffement correspondant à un dégagement de chaleur
$+ q'$. La somme des chaleurs dégagées est $Q = q' - q$. Le
fil se servait à lui-même de calorimètre. Connaissant sa chaleur spécifique, son poids et ses variations de température,
on pouvait calculer q et q'. M. Edlund mesurait les variations
de température à l'aide d'une pince thermo-électrique.

Le quotient $\dfrac{\mathfrak{C}}{Q}$ fut trouvé peu différent de 425. Les nombres
obtenus sont :

$$
\begin{array}{lr}
\text{pour le laiton.} & 428,3 \\
\text{pour le cuivre.} & 430 \text{ »} \\
\text{pour l'argent.} & 433 \text{ »}
\end{array}
$$

Les résultats sont meilleurs pour le laiton, probablement

parce que c'est un alliage plus élastique. Le cuivre et l'argent étant relativement mous peuvent ne pas revenir à leur état primitif.

Expériences de M. Hirn sur le choc (1). — Nous rappellerons les expériences de M. Hirn sur l'écrasement du plomb.

Un gros cylindre de fonte soutenu par des cordes verticales peut se mouvoir parallèlement à lui-même dans un plan vertical. Dans le même plan vertical est suspendue, de la même manière, une enclume de grès dont la tête est recouverte d'une plaque épaisse de fer forgé. Entre ces deux pièces on place le morceau de plomb qui doit être soumis à l'écrasement et dont on détermine à l'avance le poids et la chaleur spécifique. Connaissant le poids du bélier et la hauteur à laquelle on le soulève, connaissant aussi le poids de l'enclume la hauteur à laquelle elle s'élève après le choc, on en conclut aisément l'expression de la quantité de travail qui a été transformée en chaleur. Le plomb s'est échauffé par le choc; on mesure son échauffement en le laissant tomber dans un calorimètre. On a ainsi les données nécessaires pour calculer E.

Cette méthode est curieuse, mais sujette à quelques critiques. Une portion de la chaleur produite est retenue par le bélier pendant son contact avec le plomb et échappe ainsi à la mesure. De plus le cycle n'est pas fermé ; le plomb soumis à l'expérience subit une déformation et s'écrouit un peu. Les corrections qu'il faudrait introduire sont probablement faibles, mais ne peuvent être calculées. Les résultats obtenus par M. Hirn sont néanmoins remarquables ; le nombre obtenu pour E est très voisin de 425.

(1) Hirn. *Théorie mécanique de la chaleur*, 2e édition, 1re partie, page 38.

Nécessité de ne mesurer E qu'avec des cycles fermés. — Les deux cas que nous venons d'étudier nous montrent qu'il est essentiel de ne déterminer E qu'avec des cycles fermés. L'équation $\mathfrak{C} = EQ$ n'est vérifiée que dans ce cas. — Nous allons encore en citer quelques exemples.

Considérons un corps qui se contracte quand on l'échauffe, par exemple l'eau entre $0°$ et $4°$. Un tel corps se refroidit lorsqu'on le comprime. On a donc une dépense de travail accompagnée de la production de froid. L'équation $\mathfrak{C} = EQ$ n'est pas vérifiée car le cycle n'est pas fermé. Si on veut fermer le cycle, il faut permettre au corps de se décomprimer. Supposons qu'on opère sur un liquide contenu dans un corps de pompe. La compression sera obtenue en chargeant le piston de poids ; en descendant, le piston comprimera le liquide en exécutant un travail. Pour fermer le cycle, il faudra laisser le liquide se décomprimer sans pour cela permettre aux poids de remonter ; sans quoi on ne ferait que revenir sur ses pas, en produisant dans la seconde

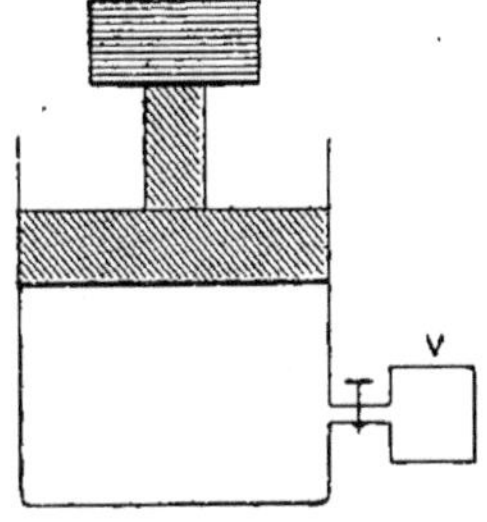

partie de l'expérience un travail égal et contraire à celui qui intervient dans la première. On pourra ramener le liquide à son volume primitif en ouvrant dans le corps de pompe un robinet R en communication avec un espace V de grandeur convenable. Si alors $- q$ désigne la chaleur dégagée pendant la compression, $+ q'$ la chaleur dégagée pendant la décompression, on a :

$$\frac{\mathfrak{C}}{- q + q'} = 425.$$

Calcul de E à l'aide des constantes des gaz. — La considération des gaz va nous permettre de trouver E sans nouvelles expériences, en profitant simplement des données numériques fournies par un certain nombre d'expériences connues. C'est la méthode de Mayer.

Imaginons que l'unité de masse d'air enfermée dans un corps de pompe sous la pression p_0 occupe, à la température de $1°$ C., un volume $v_0 + v_0\alpha$, α étant le coefficient de dilatation de l'air. Laissons la pression p_0 constante et abaissons la température de $1°$ C., la diminution de volume est $v_0\alpha$; on voit facilement que le travail accompli par le piston est $p_0 v_0 \alpha$. En même temps la masse d'air perd de la chaleur, et si C est la chaleur spécifique de l'air à pression constante, la quantité de chaleur perdue est C.

L'air occupe actuellement le volume v_0, sous la pression p_0, et à la température zéro. Ramenons-le à la température initiale en maintenant son volume constant. La force élastique change, mais, le piston restant fixe, le travail dépensé est nul. Toutefois il faut fournir au gaz sa chaleur spécifique à volume constant c. Pour fermer le cycle, ramenons le gaz à sa pression et à son volume primitifs ; il suffira de lui

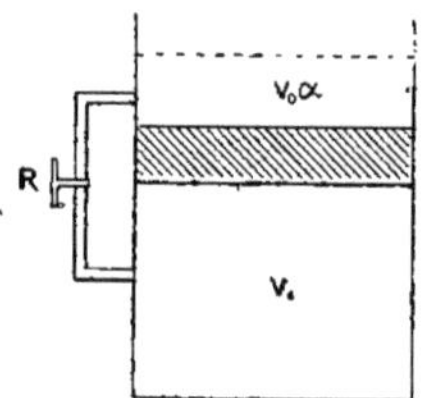

rendre le volume $v_0 + v_0\alpha$, car, en vertu de la loi de Mariotte, il reprendra de lui-même la pression p_0. Il est inutile, pour effectuer cette transformation, de dépenser à nouveau du travail ; il faut donc se garder de faire remonter le piston. Pour résoudre le problème, nous supposerons que le volume v_0 est mis en communication avec l'espace vide $v_0\alpha$ par un conduit de volume négligeable. En ouvrant le robinet

www.ingramcontent.com/pod-product-compliance
Ingram Content Group UK Ltd.
Pitfield, Milton Keynes, MK11 3LW, UK
UKHW021017140726
13695UKWH00001B/319